中国经济文库·应用经济学精品系列（二）

· 国家社科基金西部项目"柴达木地区生态补偿标准化及
管理模式研究"（项目批准号：14XJY003）

赵　玲◎著

生态补偿标准化及
管理模式研究
—— 以柴达木地区为例

Study on Management Mode & Standardization of
Ecological Compensation

U0305853

中国经济出版社
CHINA ECONOMIC PUBLISHING HOUSE
北　京

图书在版编目（CIP）数据

生态补偿标准化及管理模式研究：以柴达木地区为例／赵玲著． --北京：中国经济出版社，2021.11

ISBN 978-7-5136-6708-1

Ⅰ. ①生… Ⅱ. ①赵… Ⅲ. ①柴达木盆地-区域生态环境-补偿机制-研究 Ⅳ. ①X321.2

中国版本图书馆 CIP 数据核字（2021）第 215104 号

责任编辑　葛　晶
责任印制　马小宾
封面设计　华子图文

出版发行	中国经济出版社
印 刷 者	北京柏力行彩印有限公司
经 销 者	各地新华书店
开 本	710mm×1000mm　1/16
印 张	15.75
字 数	218 千字
版 次	2021 年 11 月第 1 版
印 次	2021 年 11 月第 1 次
定 价	88.00 元

广告经营许可证　京西工商广字第 8179 号

中国经济出版社 网址 www.economyph.com **社址** 北京市东城区安定门外大街 58 号 **邮编** 100011
本版图书如存在印装质量问题，请与本社销售中心联系调换（联系电话：010-57512564）

前　言

生态补偿（Eco-Compensation）作为一种有效的改善生态环境的措施，越来越被人们重视。党中央在十八大提出构建"五位一体"的社会主义建设总格局。建设生态文明的核心是打造良好的生态环境，作为当前世界改善生态环境的主流手段，生态补偿必然会在国家生态文明建设中发挥极其重要的作用。可以说，生态补偿制度是生态文明建设的重要保障，而生态补偿标准又是生态补偿制度实施与绩效评价的核心。

关于生态补偿标准，国内外经过了近50年的研究与实践，对生态补偿的认知经历了具体环境管制政策、生态服务付费、受益者补偿、生态保护补偿多个阶段。虽然在生态补偿标准的意义以及承认生态服务价值等方面取得了共识，但在生态补偿标准内涵、确立的理论依据、核算方法等关键问题上还未达成统一的认识和形成共同的标准。从生态补偿标准研究领域看，国内外研究与实践主要集中于森林生态补偿标准、流域或水资源生态补偿标准、湿地草原生态补偿标准、矿产资源生态补偿标准、自然保护区以及生态功能区生态补偿标准；从生态补偿核算依据看，研究与实践主要有生态建设与保护成本依据、生态效益依据、受偿与支付意愿依据、微观经济学模型依据、市场交易理论依据等。

已有的研究与实践推动了生态补偿的发展，提高了生态补偿效率，但未能解释清楚各种生态补偿标准确定依据及核算方法的适用范围，没有对政府、市场、利益相关者以及社会公众的角色定位进行分析，这在一定程度上限制了生态补偿标准理论研究与实践的发展。因此，对当前国内外生态补偿标准确立依据和计算方法进行梳理与分析，可为形成科学合理的生态补偿机制奠定理论基础，为协调生态保护各利益相关方提供科学指导，也有利于推进生态补偿研究与实践的深入发展。

生态系统支撑着地球生命支持系统，同时也是人类社会进步、经济与环境可持续发展的基本要素。随着社会和经济的快速发展，资源和环境之间的矛盾所带来的问题日益凸显，保护生态环境，实施可持续发展战略成为一项重要和紧迫的工作。但是，经济与环境之间的矛盾和问题在不同的地区具有差异性，特别是经济发展和环境保护存在地域分异特性，造成了区域之间存在不公平性，这是因为经济发达地区为了发展本区域的经济，不仅消耗本区域的生态资源，破坏了当地的环境，也影响了生态脆弱地区的生态环境。这主要体现在生态资源匮乏的发达地区对生态脆弱地区的资源开发上。一是发达地区将造成的污染成本留给生态脆弱地区，或是为了减少本地区的环境污染，把一些有污染的工业企业建在生态脆弱地区，从而增大了生态脆弱地区的生态环境压力；二是为经济发达地区提供生态资源的区域往往是生态脆弱地区，而这些区域往往经济落后，其生态治理最大的受益者可能是经济发达地区。因此，如果生态脆弱地区牺牲一定的经济发展利益搞生态建设，而经济发达地区不为此进行补偿，单靠生态脆弱地区（往往也是经济贫困地区）的经济实力很难达到很好的效果。建立不同区域之间的生态补偿机制，促使自然资源使用区域或生态受益区域在合法利用自然资源过程中，对自然资源所有权区域或对生态保护付出代价区域支付相应费用，有利于促进区域协调发展，调节不同地区之间由于环境资源、生态系统功能定位导致的发展不平衡问题。特别是可以有效防止由于过度利用可更新自然资产而损伤或破坏生态系统自我更新和保持人类所依赖的产品流和服务流的能力。

2014 年，作者有幸获得国家社科基金的支持，对柴达木地区生态补偿标准化进行相关研究，经过三年的努力，完成该项目。柴达木盆地地处青海省海西州，面积约 26.5 万平方千米，盆地南缘是长江发源地，盆地内有大小河流 100 多条，湖泊 90 多个，对全国的气候和环境有着重要的影响。在研究柴达木地区生态补偿发展过程中，发现生态补偿中的一般性问题。柴达木地区作为我国重要的能源和原材料供应地，在提供资源、推动区域经济增长的同时，也产生了日益严峻的生态问题。"天上无飞鸟，地上不长草，风吹石头跑"，曾经是柴达木生态环境的真实写照。资源开发过程中产生的废渣、废气和废水的排放给本就脆弱的生态系统造成了比其他区域更加严重的破坏，只有及时有效开展治理，才不会演变成制约柴达木地区居民生存乃至国家经济发展的根本性问题。近年来，柴达木地区在发展经济的同时，也注重生态保护。在青海省政府、海西州人民群众以及社会各界的不懈努力下，该区的草地植被明显恢复，人民的生态保护意识和积极性都有很大提高。监测数据显示，柴达木盆地沙区风蚀荒漠化程度正在趋缓，近几年荒漠化面积明显减少，沙化土地正以每年 2.7% 的速率逆转。近年来，虽然柴达木地区的生态建设与环境保护取得了一定的成效，但是资源开发导致的生态破坏以及与之配套的生态补偿工作仍然不到位，面临相当多的困难。一是补偿制度与体系不健全。缺乏国家层面的制度规范和政策依据，没有制度上的保障与规范，不能形成统一、具有延续性的政策保障。生态补偿资金的筹措、管理体制以及激励约束机制等都不能制度化、标准化。二是补偿范围小。目前，柴达木地区不能享受生态功能区转移支付政策，没有补偿来源。三是补偿标准偏低。受财力所限，许多补偿项目标准很低，不足以弥补生态建设的损失，影响了生态保护者和受损者的积极性。四是缺乏持久稳定的经费来源。目前，生态补偿项目的资金来源主要是省财政安排的资金和中央安排的草原生态保护奖补资金。由于柴达木地区生态补偿涉及范围广，资金需求量大，仅靠地方政府力量难以为继。

柴达木地区属于矿产资源密集型开采区域，各种资源开采的过程中产生的生态问题不同，但对生态补偿可以达成一致，因此柴达木地区应摒弃传统模式，开创新的生态补偿管理模式。如果能将矿产资源开发过程中的生态补偿标准化，为后续企业提供参考，边补偿、边开发，使补偿成为生态投资，既促进经济发展，又促进生态保护，对柴达木地区可持续发展将十分有益。从生态经济损失到生态补偿标准，再到动态补偿标准，本书完成了柴达木地区生态补偿标准化的系统研究。区域生态补偿标准化不仅属于生态经济学的范畴，也属于管理学的研究范畴。另外，本书还涉及矿产资源开发、区域经济发展等相关内容，专业性强，学科交叉面广，研究难度大，故跨学科的研究将是未来的研究方向。

赵　玲

2021 年 5 月

目 录

图 目 录

表 目 录

附表目录

1

绪 论

1.1 研究目的及意义

1.1.1 研究目的

本书的研究目的是通过理论的阐述、剖析，研究生态补偿标准化的必要性和可行性，并在此基础上构建区域生态补偿标准化的一般性模型；将生态补偿标准化的一般性运用于柴达木地区，研究如何形成柴达木地区生态补偿标准化，并构建该区生态补偿管理模式。通过柴达木地区生态经济系统反馈信息建立系统动力学模型，使用适当研究方法度量该区域资源开发过程中发生的生态经济损失，建立柴达木地区的生态补偿核算模型，通过创新生态补偿管理模式的分析和模拟，研究生态补偿标准化及管理模式的可操作性，从而完成生态补偿标准化建设的内容。

1.1.2 研究意义

柴达木地区矿产资源十分丰富，是青海省最具有经济活力的地区，承担着支撑青海省经济发展，保护三江源，支援西藏建设的重任。但这个地区生态系统十分脆弱，生态环境的敏感性和不稳定性十分突出，环境保护的任务十分艰巨。近年来对柴达木地区矿产资源的开发加剧了对该区域生态环境的破坏，虽然政府和学者考虑对该区进行生态补偿，但由于缺乏科学的度量与评价标准而无法进行。尤其是由于没有统一的度量标准，造成区域内不同种类资源开发的生态经济损失度量困难，从而使该区矿产资源补偿费存在征收空白和缺乏征收标准，导致国家和地方政府政策与制度约束机制失灵。因此，研究该区域生态经济损失的当量标准，将各类矿产资源开发造成的生态经济损失加以科学度量与评价，以便进行事前补偿，对该生态环境的改善与资源的持续利用具有非常重要的现实意义。

通过对柴达木地区生态补偿标准化的研究，不仅可以构建生态补偿标准化管理模式，而且可以提高生态补偿标准的社会接受度，提高生态补偿方案的可操作性，还为建立资源开发型区域生态补偿标准化体系提供理论依据，同时对解决生态脆弱地区的经济发展和生态保护问题具有一定的现实意义。

1.2 研究现状及述评

自二十世纪后期，具有生态补偿性质的实践活动和科学研究就已陆续展开。近20年来，无论是国内还是国外，对生态补偿问题的研究很多，主要集中在生态补偿的内涵和政策机制等一般性问题上。由于生态问题本身的复杂性以及涉及的利益群体的广泛性，虽然有很多单一领域的成功案例，但高效的生态补偿制度构建进展缓慢，补偿标准千差万别，生态补偿机制构建还存在诸多问题[1]。

1.2.1 生态环境与经济发展

既要保护生态环境，又要发展经济，二者的关系如何处理？习近平总书记在参加十三届全国人大二次会议内蒙古代表团的审议时强调："保护生态环境和发展经济从根本上讲是有机统一、相辅相成的。"坚持生态优先原则，确立"绿水青山就是金山银山"的理念，建立生态经济体系，是新时代生态环境保护与经济发展的协调之道。

改革开放以来，中国经济的高速增长主要是以资源消耗、环境污染为代价的。经历这一发展过程之后，全社会已深刻意识到生态优先的合理性和必要性，将生态环境保护置于经济发展之上。人因自然而生，离开自然人无法生存，人与自然是一种共生关系，对自然的伤害最终会伤及人类自身的生存和发展。因此，人类要尊重自然、敬畏自然，对自然的尊重和敬畏实际上是对人的尊重和敬畏。生态优先的目的在于保护人类赖以生存发展的环境，实现人类与自然关系的和谐。

生态环境既是重大政治问题，也是重大社会问题。"五位一体"总体布局之所以将生态文明建设纳入其中，是因为生态文明关系国家形象，关系中国特色社会主义形象。同时，人民群众日益增长的美好生活需要包括对优美生态环境的需要，人民群众对清新空气、清洁饮水、安全食品的要求越来越强烈。良好生态环境是最公平的公共产品，是最普惠的民生福祉。生态优先兼具政治效用和社会效用。

生态兴则文明兴，生态衰则文明衰。人类文明的演变与生态环境密切相关。人类文明的形成以森林茂密、水源充沛、土壤肥沃为条件，衰落往往是因为气候变化、土壤沙漠化等因素造成的。生态优先是对人类文明发展规律的总结，也是人类文明永续发展的内在要求。

正因为生态文明建设具有如此重要的地位，在协调生态环境保护和经济发展关系时，要坚持底线思维，守住生态保护红线、永久基本农田保护红线、城镇开发边界红线，不能以牺牲环境为代价去换取一时的经济增长，要坚定摈弃先污染、后治理的发展方式。我们应明白，经济与生态环境相互影响、相辅相成，经济越发展，生态环境的作用就会越显著。

国内外在研究生态环境与经济发展关系上有三点不同。第一点差异：国外学者针对相对剩余状态（或过度消费）下的生态恶化，由于生态承载力的有限性满足不了经济无限增长的需求，提出稳态经济和零增长理论；20 世纪 80 年代初中国学者则是针对绝对短缺状态（或基本消费不足）下的生态恶化提出相应理论。第二点差异：国外学者的研究主要针对工业生产和化肥、农药污染造成的负外部性；中国学者的研究主要针对初级资源开发中暴露出来的负外部性。第三点差异：国外学者的研究针对市场失灵；中国学者的研究主要针对政府失灵和政策失灵，例如片面强调"以粮为纲"和低成本的政策造成的严重后果。

1.2.2 生态补偿

生态补偿是以保护和可持续利用生态系统为目的，以经济手段为主，调节相关者利益关系，促进补偿活动、调动生态保护积极性的各种规则、激励和协调的制度安排，有狭义和广义之分。狭义的生态补偿是指对由人类的社会经济活动给生态系统和自然资源造成的破坏及对环境造成的污染进行补偿、恢复、综合治理等一系列活动的总称；广义的生态补偿还包括对因环境保护而丧失发展机会的区域内的居民进行的资金、技术、实物上的补偿，政策上的优惠，以及为增进环境保护、提高环境保护水平而进行的科研、教育费用的支出。

生态环境补偿始于 1890 年"外部经济"概念的提出和 1920 年征收"庇古税"的提出。随着工业革命的到来，工业发展迅速，生态环境问题日趋严峻，生态补偿的研究也扩展到不同领域，并进行了大量实践。1935年英国的坦斯莱（A. G. Tansley，1807—1955）首先正式使用"生态系统"这个词，把生物与其有机和无机环境定义为生态系统。这一时期的研究，研究者是站在局外人的角度来研究客观生态系统的运行规律的，是一种纯自然科学的研究。1991 年版的《环境科学大辞典》完全从自然生态系统的角度将自然生态补偿（Natural Ecological Compensation）定义为生物有机体、种群、群落或生态系统受到干扰时，所表现出来的缓和干扰、调节自身状态，使生存得以维持的能力，或者可以看作生态负荷的还原能力。Allen 等认为，生态补偿是对生态破坏地的一种恢复或重建。Cuperus 的观点是：生态补偿是对生态系统质量或功能受损的一种补救措施。国内学者叶文虎等认为，生态补偿是自然生态系统对社会、经济活动造成的生态环境破坏的缓冲和补偿作用；张诚谦认为，生态补偿是从利用资源所得到的经济收益中提取一部分资金，并以物质或能量的方式归还生态系统，用以维持生态系统的物质、能量在输入、输出时的动态平衡。

国外在生态补偿方面的研究主要从几个方面进行：一是自然资源开发

及其对受损生态系统的经济补偿，以及单纯为提高生态环境质量而采取的单纯的经济刺激；二是评估环境费用和效益的经济价值；三是补偿主体、补偿对象之间的关系协调；四是补偿标准、补偿渠道、补偿核算体系；五是生态补偿机制的设计；六是生态补偿立法；七是将生态补偿机制和方法应用于相关的生态环境保护实践中。目前，哥斯达黎加、哥伦比亚、厄瓜多尔、墨西哥等拉丁美洲国家开展的环境服务支付项目成为最有代表性的生态补偿项目。

经济学意义上的生态补偿是从生态保护具有正外部性的社会经济活动开始的。20世纪90年代中期之前，生态补偿都是狭义的生态补偿，即为了抑制环境负外部性，依据污染者付费原则（Polluter Pays Principle, PPP）向生态环境的破坏者征收补偿费。20世纪90年代后期以来，随着社会经济发展的需要，经济学意义的生态补偿内涵得到拓展，生态补偿更多地指对生态环境保护、建设的一种利益驱动、激励和协调机制，由单纯针对生态环境破坏者的收费，拓展到对生态环境的保护者进行补偿，即通常所说的广义的生态补偿。它主要包括污染环境的补偿和生态功能的补偿，即包括对损害资源环境的行为进行收费或对保护资源环境的行为进行补偿，以提高该行为的成本或收益，达到保护环境的目的。如Landel-Mills和Porras指出，生态补偿可理解为任何有助于提升自然资源管理效率的经济刺激机制；洪尚群认为生态补偿是促进生态建设和环境保护的利益驱动机制、激励机制和协调机制，只要能使资源存量增加、环境质量改善，均可视为补偿。在研究方法上，国外学者广泛地采用多学科交叉分析的方法，既从宏观领域进行研究，又运用统计学、计量经济学等量化方法对生态补偿进行细致而深入的微观研究。

我国关于生态补偿的研究和实践开始于20世纪90年代初期，研究起步较晚，主要侧重于从宏观角度考虑生态补偿政策的实施问题，在补偿的理论基础、生态环境问题的形成机理、补偿资金的筹措渠道、补偿标准、自然资产价值确定、生态服务价值评估、生态补偿机制构建等方面进行了研究，并以经验探讨为主，提出了比较符合我国国情的、开创性的观点和理念。庄国泰等认为，生态补偿是指为损害生态环境而承担的一种责任，以及为减少对生态环境损害而采取的经济刺激手段。章铮认为，生态环境补偿费是为控制生态破坏而征收的费用，目的是使外部成本内部化。毛显强将生态补偿的定义为："通过对损害（或保护）资源环境的行为进行收费（或补偿），提高该行为的成本（或收益），从而激励损害（或保护）行为的主体减少（或增加）因其行为带来的外部不经济性（或外部经济性），达到保护资源的目的"。孙新章认为生态补偿是恢复、惩罚和机会补偿的综合体。姜德文从流域生态补偿、森林生态补偿等角度论述了流域上、下游之间的利益冲突及其对此项制度的不同立场，并对我国关于生态补偿机制的立法及其缺陷提出了一些建设性的意见。洪尚群等则指出，完善的强有力的补偿制度能提供大量资金，解决利益矛盾，促进生态建设和环境保护顺利开展，成为环境保护的动力机制、激励机制和协调机制，研究同时也对补偿的对象、补偿的标准、补偿的主体、补偿的组织体系做了富有启发性的探索。欧名豪等提出建立经济补偿机制，实行内部补偿、外部补偿和代际补偿相结合的模式，实现长江流域经济、生态、社会协调发展。熊鹰等提出了退田还湖生态补偿机制，在实地调查和实验的基础上，依据环境经济学原理和方法对洞庭湖湿地恢复引起的湖区农户收益减少和一系列的湿地生态服务功能的恢复进行了评估，由此得出湿地恢复应对湖区移民的生态补偿值。杜万平等提出了区域生态补偿机制的具体构想。从 20 世纪 90 年代起，国家对生态补偿问题给予了高度的重视。

2000 年西部大开发战略实施后，学者们开始关注柴达木地区的生态补偿研究。2009 年潘媛的《建立青海生态补偿制度的思考》、郭海君的《建立健全海西州区域生态补偿体系的构想》开启了对柴达木地区的生态补偿研究。2010 年前后，在柴达木循环经济试验区论证的过程中，众多学者研究分析该区生态补偿的情况。"十八大"将生态文明写入党章，2012 年青海省就开始探索建立生态功能价值核算体系，监测预警评估、绩效考评和激励约束机制，同时开展先行先试三江源地区生态补偿工作。

1.2.3 生态补偿标准

开展生态补偿工作的核心是确定生态补偿标准。国外确定生态补偿的实践更倾向于按项目进行评估和效益分析，大多数研究针对政府主导的生态补偿支付计划（工程）。国外确定生态补偿标准的方法主要有三类：生态系统服务功能价值理论方法、半市场法和市场法。

生态系统服务具有价值属性是价值理论方法的核心，生态系统服务功能价值是生态补偿标准的依据。这类方法具体包括生态服务价值法、生态效益等价分析法（Habitat Equivalence Analysis，HEA）等。1997 年，Costanza 等计算出全球生态系统服务功能价值约为每年 33 万亿美元；Whitehead 评价计算出美国肯塔基州的湿地生态系统服务功能价值为每英亩 4000 美元；1999 年，Robles 计算出美国马里兰州的海岸林潜在生态系统服务功能价值为每公顷 60934 美元。Mcintyre 采用联合国千年评估框架评估流域生态系统保护价值；Winter 分析了土地系统的功能；Wall D. H. 对土壤生态系统服务功能价值进行了评估；Simpson R. D. 研究了生态系统生物多样性对生态产品和服务的影响与限制。

半市场法主要有机会成本法和意愿调查法。市场理论方法的原理是：把生态系统服务作为一种特殊商品，生态补偿的利益相关方作为市场的买卖双方，构建一个虚拟市场。生态补偿的额度取决于市场的供求规律，供求曲线的交点就是补偿的均衡价格。但是，由于存在垄断市场和竞争市场的多元化，市场的定价机制并不相同。

关于市场定价，当前的生态补偿项目补偿标准一般是利益各方协商确定的，对市场定价机制的研究不多。目前，由于碳排放权和水资源具备很强的市场定价机制，其生态补偿标准的确定成功地应用了市场法。欧洲农业生态项目及 PES 项目都用到了这种方法。

此外，Brian Roach 提出了 HEA 的自然资源损害评估方法，认为由于 HEA 考虑了对生态系统造成的潜在受损情况，可以计算出弥补生态功能破坏所需要的补偿比例，因而不同于自然资源受损评估领域传统的经济分析方法。

国内在生态补偿标准研究上处于从学习、模仿向成熟过渡阶段。目前，对生态补偿标准的核算思路大致可分为两种：①从生态效益的角度，通过对区域生态系统服务功能价值的核算来确定；②从生态建设成本的角度，通过区域生态经济损失来确定[2]。

2003 年和 2007 年谢高地分别给出了不同类型土地利用生态系统服务功能单位价值；刘玉龙等通过对生态系统服务功能价值的评估方法的对比分析，得出生态系统服务功能价值评估方法选择应根据先直接市场法、再替代市场法、最后模拟市场法的基本原则进行。

张思锋等在对 HEA 方法进行改进后，将其引入受损植被生态系统服务功能的受损量和补偿量的评估研究，先后对陕西省森林和草地生态系统服务功能的受损量和补偿量进行了评估，对煤炭开采区受损植被生态系统补偿进行了评估。

此外，曾华锋认为碳核算才是合理确定生态补偿的依据，并依据《京都议定书》的交易机制构建了碳核算系统。

目前，不论国外、国内，生态补偿行为没有统一的标准，针对不同的生态补偿类型、不同的国家和地区、不同的补偿对象，补偿标准会有差异。因此，生态补偿未能形成标准化，大部分补偿都是事后补偿，没有统一稳定的行政机构执行生态补偿管理，导致生态补偿形同虚设、可有可无，且各区域实行的是人治而非法治。

三类方法在研究和实践中都有成功的案例，但在确定生态补偿额度标准时也各有利弊。生态系统服务功能价值理论方法最直接，符合生态补偿标准额度确定的逻辑，能够体现公平的思想，解释也最为合理；市场法和半市场法更注重了人的因素，更多考虑了支付者和接受者的偏好和基本条件，往往能得出适用性更好的结果，能够体现和谐的思想，但计算的补偿数额往往非常大，从结果的可行性而言，补偿的额度标准很难为社会接受，需要确定生态系统服务功能价值量与补偿量之间的比例关系，目前这种比例关系主观性太强。

对于半市场法，虽然注重人的因素，更多考虑接受者和补偿者的偏好和基础条件，往往能得出适用性更好的结果，能够体现和谐的思想，但由于不同的受偿者有不同的偏好和基础条件，很可能受到人为的干扰而产生错误的结论，需要进行方法和程序的改进，目前在我国还处于试用阶段。

对于市场法，虽然其确定生态补偿的标准能兼顾双方利益，补偿活动基本能够保证双方满意，但也有很多不足：首先，具备一个能够给参与各方提供自由交易的相对稳定的市场，这是前提。但实际上这样理想状况的市场十分少有，大多需要政府机构或其他中间结构进行协调，这就大大限制了市场定价机制的发挥。其次，市场法使用的范围比较小。市场法一般只限于对几种简单生态系统的服务功能定价，对于比较复杂的生态系统补偿则比较难。但总的来说，只要解决了一些技术上的局限，通过建立生态系统服务功能价值市场来确定生态补偿额度标准是可行的。

1.2.4　生态补偿绩效评价

从管理学的角度上看，绩效是组织期望的结果，是组织为实现其目标而展现在不同层面上的有效输出，它包括个人绩效和组织绩效两个方面[3]。简单地说，绩效是某个主体开展某项活动所达到的效果和表现。由于行为主体开展某项活动都具有预期目的性，因此一般情况下，绩效反映的是某项活动与预期目标的差距。根据行为主体行动的目标，绩效的评价也会有相应的变化。如前所述，生态补偿制度是为协调环境供给需求不平衡而提出的制度，因此，生态补偿政策需要从制度经济学的角度对其实施绩效进行评价[4]。从我国生态补偿研究现状来看，关于补偿内涵、补偿标准以及补偿方式等补偿前阶段的研究内容已经有很多，而补偿后阶段关于生态补偿绩效评价的研究则较少[5]。

随着生态补偿实践的深入，有关生态补偿项目效益评价的补偿后研究逐渐成为热点。全面分析已实施完成的生态补偿项目和工程的各项效益，可以确定生态补偿政策所实现的效益好坏以及后续效益的发挥潜力。效益评价不仅是对林业生态补偿本身的绩效评估，也是对整体社会经济活动的评价和反思（刘勇，2006）。通过补偿后评价，及时总结项目或工程中存在的问题和经验教训，有助于指导下一阶段项目建设，形成良性反馈机制，对于实现生态补偿效益最大化和完善生态补偿制度具有重要意义（徐大伟，2015）。

受限于数据、指标和方法等的制约，生态补偿制度绩效评价研究进展缓慢。从相关研究来看，生态补偿绩效评价的方法不多，包括特尔斐法、AHP 层次分析法、主成分分析法、DEA 数据包罗法、熵值法以及综合评价法，其中综合评价法是最常用的方法。综合评价理论的不断发展、成熟，以及经济管理、工业工程及决策等领域运用综合评价理论的成熟，使生态补偿绩效评价方法丰富而有效。另外，生态学的生态系统评价、生态价值评价、财务成本核算、财务绩效评价等理论方法的日益成熟也为生态补偿绩效评价的开展夯实了基础。

1.2.5 研究述评

综上所述，国内外许多学者在生态补偿领域做了很多有价值的探索，内容主要包括生态补偿对象的选择、生态补偿标准的确定、生态补偿方式的设计、生态补偿法律的建构、生态补偿的财政政策制定、生态补偿的评价、生态补偿的影响及生态补偿等。也有学者从不同的角度对生态补偿的研究进展进行了梳理和总结，内容包括对生态补偿机制建设的思考、生态补偿的研究框架分析、生态补偿研究内容概括、生态补偿运行机制总结、生态补偿概念和问题梳理、生态补偿实践回顾等。

生态补偿作为一种将环境中具有外部性的非市场价值转化为当地参与

者提供环境服务的财政激励机制，在发达国家和发展中国家的应用越来越广，目前已成为生态经济学研究的前沿领域与热点问题之一。未来的研究方向可能趋向于以下几个方面：生态补偿的评价（国内仅限于补偿效果的粗略评价），包括：①生态补偿效率的评估和生态补偿资金的分配，因为这可能会影响到生态补偿政策的更好实施；②生态补偿对象的选择，可以分不同层面：宏观上的国家层面，中观上的省域、流域层面，对不同对象进行补偿的效率是完全不同的；③生态补偿产生的影响，这可能是多维的、多层面的，既包括自然环境影响，也包括可能对社会环境、文化、观念的影响；④生态补偿与相关研究之间的关系，如生态补偿与扶贫的关系；⑤区域生态补偿机制的实证探讨，如对西部地区、民族地区、边远山区生态补偿机制的研究，这些区域生态环境问题突出，又是重要的生态功能区，地方财政有限，亟须建立生态补偿机制；⑥本土化研究，生态补偿的运作模式，尤其是在中国实行市场交易模式的探讨；⑦生态补偿理论与实践的比较研究，生态补偿理论是否能在实践中可行，这也需要检验[6]。

本书在梳理生态补偿相关问题研究的基础上，分析生态补偿标准、补偿机制研究的优缺点，并得出生态补偿标准化研究的必要性。生态补偿标准化的研究需要结合生态经济学、管理学和系统论理论。笔者查阅检索研究论文 2740 篇，硕士学位论文 528 篇，博士学位论文 129 篇，未发现研究生态补偿标准化的文献，基本认为目前这方面的研究还处于萌芽状态。期待学者在这一领域有更多的成果，以丰富生态补偿标准化的研究。

1.3 研究内容及可能的创新

1.3.1 研究的主要内容

通过理论的阐述、剖析，研究生态补偿标准化的必要性和可行性；通过实践的运用、核算，证明生态补偿标准化的合理性；通过创新管理模式

的分析、模拟，研究生态补偿的可操作性。基于此，本书的主要研究内容
包括：①构建区域生态补偿标准化系统：涉及生态经济损失测算、生态环
境影响综合评价；②通过研究柴达木地区生态经济系统结构和功能，分析
该区生态补偿标准化的主要要素，构建其标准化模式；③研究并创新柴达
木地区生态补偿管理模式，找到生态管理模式并预测未来生态保护外部性
如何内部化，解决生态产品消费中的"搭便车"现象，激励公共产品的足
额提供；④通过制度创新解决好生态投资者的合理回报，激励人们从事生
态保护投资并使生态资本增值，促进该地区生态文明建设。

1.3.2　可能的创新

（1）应用创新。创新生态补偿核算体系，使用生态破坏经济损失进行
量化分析；创新管理模式，研究生态管理模式的实际使用效果。

（2）选题具有前瞻性和现实性。构建生态管理模式符合生态文明的制
度建设要求，是未来生产—销售管理的方向。

1.4　研究方法及技术路线

1.4.1　研究方法

本书采用多学科交叉分析的方法，应用生态经济学、区域经济学、制
度经济学、管理学及系统动力学等多学科交叉的方法分析问题。

具体的研究方法：通过文献研究法，分析生态损失综合评价方法并研
究系统反馈法测算生态补偿的可能性；运用生态计量学、系统动力学思想
建立柴达木盆地生态经济反馈模型，使用软件 Vensim 和 Matlab 软件运行
模型，得出数据结论；运用系统仿真模拟法，比较分析生态管理模式。

1.4.2　技术路线

（1）拟解决的关键问题。包括：研究适合的生态补偿核算体系；制定

柴达木地区不同资源间差异性的补偿标准；研究生态管理模式，推动生态补偿理论实践。

（2）难点。包括：抽丝剥茧，核算不同资源类型开发过程中的生态经济损失；公正、准确地确定不同资源生态补偿标准。

2

生态补偿标准化的文献及理论

　　关于生态补偿的很多概念，到目前为止界定不够清晰。本章首先界定相关概念，然后从经济学、管理学和系统论三个学科层面对生态补偿涉及的相关理论进行系统整理。借鉴的理论包括生态经济学涉及的生态服务理论、生态补偿理论；西方经济学涉及的外部性理论、公共产品理论、市场失灵理论和政府失灵理论；可持续发展理论；管理学理论涉及的标准化的涵义；系统论涉及的系统构建以及系统动力学等相关理论。

2.1　概念界定

2.1.1　生态补偿

　　中国的生态补偿概念与国际上的生态服务付费（Payment for Ecosystem Service，PES 或 Payment for Ecosystem Benefit，PEB）的概念具有相似之处。国际上的生态服务付费概念则是一个比较狭义的概念，多建立在产权明晰的基础之上，中国的生态补偿概念则是一个更加广义的概念。生态服务付费的目的是把一部分生态服务的好处转移给自然资源管理者，以此来激励自然资源管理者保护自然资源。由于外部性、生态服务的公共物品属性、不完善的产权界定及信息不对称等形式的市场失灵会造成资源的消耗大于社会最优的消耗量，所以一种观点认为生态服务付费是科斯定理的应用，是一种在产权明确界定和交易费用很低的情况下，通过讨价还价将外部性内部化的方法。另外一种观点认为生态服务付费是生态服务受益者向生态服务提供者进行的有条件的转移支付。目前公认的关于生态服务付费的概念是由 Wunder 在 2005 年提出的，Wunder 提出了五个简单的标准定义生态服务付费，分别是：一种自愿的交易；一项明确的生态服务；至少有一个生态服务的买方；至少有一个生态服务的卖方；当且仅当生态服务的提供者提供相应的生态服务时生态服务的使用者才会付费。Wunder 同时指出并不是所有的生态服务付费都满足这五个标准。

目前学界对生态补偿的概念并未达成共识。一般认为，生态补偿是生态服务受益者对生态服务的提供者所给予的经济上的补偿。相对于环境污染损害赔偿而言，生态补偿是对人类的某种活动所产生的生态环境的正外部性给予的补偿。从本质上看，这一概念与国外的生态服务付费和生物多样性补偿（Biodiversity Offset）的内涵有较大的相通性。生态服务付费强调对生态服务的经济补偿，生物多样性补偿强调对生物多样性和生态环境破坏后的恢复性行为进行补偿。

对生态补偿的理解有广义和狭义之分，广义的生态补偿包括污染环境的补偿和生态功能的补偿，包括对损害资源环境的行为进行收费和对保护资源环境的行为进行补偿，以提高该行为的成本与收益，达到保护环境的目的。狭义的生态补偿是指对生态功能补偿的费用，通过体制创新解决好生态产品这一特殊的公共产品中的"搭便车"现象，激励人们从事生态保护投资，也是使生态资本增值的一种经济手段。

2.1.2 生态补偿标准

从广义上看，生态补偿标准实际上是受益者与损失者经过讨价还价而达成补偿标准的过程，也可理解为生态补偿标准确定或生态补偿资金筹措及发放过程等。狭义的生态补偿标准是指补偿金额，也称生态补偿额、生态补偿资金等。

2.1.3 生态补偿标准化

生态补偿标准和生态补偿标准化是两个不同的研究范畴。生态补偿标准化的研究范围比生态补偿标准宽泛，严格地说生态补偿标准是属于生态补偿标准化研究范畴的。生态补偿标准化应该是一系列生态补偿活动，是在系统论指导下构建的科学管理模式。

标准是指为在一定的范围内获得最佳的秩序，经协商一致制定并由公认机构批准，共同使用的和重复使用的规范性文件。标准化是指通过制定、发布和实施标准，对科学技术、经济管理和社会生活中重复性的事物和概念作出统一规定，以获取最大的社会秩序和效益。首先，标准化活动是一个不断循环、螺旋上升的过程。每一个螺旋层的上升都是以技术进步、科技创新等为源动力，根据市场经济客观实际情况不断地循环上升。每一次的上升同时代表着标准质量更上一个台阶。其次，标准化是有目的的活动，建立最佳秩序，以使产品流程、生产经营活动、市场交易行为有条理化、有序化，使商品具有通用性、兼容性和互换性等。标准化的目的是贯彻制定和实施具体标准的准则，是制定、修订和贯彻标准，因此标准是标准化活动的核心。标准化是时代发展的产物，随着市场经济发展而发展，变化而变化。

生态环境受损后的影响是多方面的，影响的利益主体是多元的，生态补偿标准化是在区域生态补偿过程中寻找最佳次序，使其过程管理标准化，从而实现经济效益、生态效益最大化。

生态补偿标准化的程序应该包括：①制定生态补偿标准，逐步形成标准体系；②制定监测指标体系，及时提供动态监测评估信息，逐步建立生态补偿管理模式；③制定生态文明考核评价体系，逐步建立生态补偿标准化模式。

2.1.4　管理模式

真正的、现代意义上的管理都要通过管理模式来实现。管理模式是在管理理念指导下建构起来的，由管理方法、管理模型、管理制度、管理工具、管理程序组成的管理行为体系。管理，同时也是从人们生产劳动出现协作和分工开始的。只要有几个人共同从事劳动，从事社会的生产，就需要组织和指挥，也就需要管理。

模式是某种事物的标准形式或固定格式。它是一种比较抽象的概念，是指对某种组合方式的抽象图示。其中，对称关系是宇宙的最深层本质，对称规律是社会的最根本规律，对称原理是科学的最基本原理。科学的管理模式就是对称管理模式——主体与客体相对称、主体性与科学性相统一的管理模式。

中华传统文化最大的特色是对称文化，如民主与法制的对称、公平与效率的对称、人的理性与非理性的对称、个人与企业的对称、民间与政府的对称。由此可见，中国管理模式就是对称管理模式。管理模式是指管理的各个要素之间相互关联、彼此制约而形成的某种组合方式的抽象图示。管理模式可以被看作是组织固定的资源配置方式，是对某一特定类型的管理方式和管理特点的概括性描述（芮明杰，2000）。因此，管理模式的选择实际上就是组织资源配置方式的选择[7]。

2.2 相关文献及理论梳理

生态补偿标准化的理论基础涉及生态经济学的相关理论，同时涉及管理学和系统论的相关理论。

2.2.1 经济学的角度

生态经济学中生态系统服务功能价值、生态补偿机制是本书的主要理论基础，西方经济学的外部性理论、公共产品理论是研究生态补偿标准化的理论前提，而补偿标准化还涉及发展经济学中的可持续发展理论等。

2.2.1.1 生态经济学的理论

生态经济的核心思想源于生态学的食物链分析，生态经济理论与方法的产生与发展过程体现了危机警示—探索出路—相对成熟的演变过程。这期间，无论是马尔萨斯的《人口原理》、波尔丁的《宇宙飞船经济学》，还是罗马俱乐部的《增长的极限》等，都向人们展示了人类社会经济活动与生态环境关系的种种危机；其后的"零增长理论""消费限制理论""环境使用税理论"和"福利经济指标体系理论"等，都从不同的角度探索了人类社会活动与生态环境和谐共生的方法与途径。

生态经济学的基本问题是消除经济增长的无效性，其基本策略是借助于集体理性追求社会最优解，实现自利与利他的统一。集体理性与社会最优化的实现程度可以从三个维度来把握，一是保护生态系统承载力；二是有限供给的拓展；三是无限需求的调控。生态补偿就是在强调未知物种的潜在价值、生态系统的内在机理对改进生产系统进而提高生产效率具有的指导作用和生物多样性的不可或缺性的基础上，建立无限需求的调控，就是建立更为有效的体制机制。例如，通过构建三次分配体系实现收入分配公平；通过社会保障体系对家庭保障体系的替代实现人口总量下降；通过污染总量控制、排污权交易和清洁发展机制实现污染排放量减少；通过技术和制度创新实现科学基础性经济对资源基础性经济的替代。以上四方面都是实实在在的行动。一些发达国家的基尼系数、人口总量、污染总量已经趋于下降，总要素生产率的贡献率已经超过80%。

生态经济的主要特征可以从以下几个方面来说明。一是内在联系互动性。生态经济包含了对整个生态的研究，也试图从生态的角度分析生态危机对经济的反作用。生态系统的整体性与复杂性不仅包括生态系统中事物联系的多样性，也包括人作为系统中的一部分，对自然的依赖也是多样性的。同时人类社会的存在依赖于生态经济系统中生物多样性的平衡和自我调节作用。所以，我们要用正确的生态观，把握生态系统内部自我调节机制，利用事物之间存在的联系性、互动共生性和生态结果，达成系统的生态平衡。二是区域差异性。经济发展与不同的自然资源和生态条件有着紧密的联系。区域资源禀赋和生态环境的异质性促成了经济发展和生态经济的特异性。这就要求在每一个国家，甚至是每一个区域内，必须依据具体情况研究经济发展和生态保护之间的关系，做到因地制宜。三是长远战略性。生态经济学考虑的不仅是短期的经济效益，而且强调长远的生态效益以及资源配置和自然环境的代际公平性，其研究的生态保护、资源节约、污染治理等都是具有长远战略意义的问题，最终关注的是人类社会可持续发展的目标。

生态补偿的理论依据是外部效应理论、公共产品理论和生态资本理论。生态保护和经济发展是相辅相成的，经济发展离不开良好的生态环境，而良好的生态环境能促进经济的健康发展。正确处理生态环境与经济发展的关系是实现可持续发展的前提。生态补偿同时也被赋予法律学意义，是从公平、权利和义务的角度，对人类在进行社会生产和生活时，超出自然环境系统的承载能力的人为干扰进行人工处置和控制时，所担负的一种支出所作出的要求，以达到减轻和分担自然环境系统压力的目的。

人类社会对自然资源管理改进主要包括以下两种方式。

（1）帕累托改进。帕累托改进（Pareto Improvement）又称帕累托改善，是以意大利经济学家帕累托（Vil-FredoPareto）命名的，并基于帕累托最优（Pareto Efficiency）基础之上。帕累托最优是指在不减少一方福利的情况下，不可能增加另外一方的福利；而帕累托改进是指在不减少一方的福利时，通过改变现有的资源配置而提高另一方的福利。一般来说，达到帕累托最优时，会同时满足以下3个条件：一是交换最优。即使再交易，个人也不能从中得到更大的利益。此时对任意两个消费者，任意两种商品的边际替代率是相同的，且两个消费者的效用同时得到最大化。二是生产最优。这个经济体必须在自己的生产可能性边界上。此时对任意两个生产不同产品的生产者，需要投入的两种生产要素的边际技术替代率是相同的，且两个生产者的产量同时得到最大化。三是产品混合最优。经济体产出产品的组合必须反映消费者的偏好。此时任意两种商品之间的边际替代率必须与任何生产者在这两种商品之间的边际产品转换率相同。

帕累托改进可以在资源闲置或市场失效的情况下实现。在资源闲置的情况下，一些人可以生产更多并从中受益，但又不会损害另外一些人的利益。在市场失效的情况下，一项正确的措施可以消减福利损失而使整个社会受益。

帕累托改进和帕累托最优是微观经济学特别是福利经济学常用的概念。福利经济学的一个基本定理就是所有的市场均衡都是具有帕累托最优的。但在现实生活中，通常的情况是有人有所得就有人有所失，于是经济学家们又提出了"补偿准则"，即如果一个人的境况由于变革而变好，他能够补偿另一个人的损失而且还有剩余，整体的效益于是得到改进，这就是福利经济学的另外一个著名的准则，卡尔多-希克斯改进。

（2）卡尔多-希克斯改进。如果一种变革使受益者所得足以补偿受损者的所失，这种变革就叫卡尔多-希克斯改进（Kaldor-Hicks-Improvement）。如果一种状态下，已经没有卡尔多-希克斯改进的余地，那么这种状态就达到了卡尔多-希克斯效率。与帕累托标准相比，卡尔多-希克斯标准的条件更宽。

卡尔多-希克斯效率可以这样解释：如果甲将自己的某种商品认定为值5美元，而乙将其商品认定为值12美元，在此情况下，如果两人以10美元的价格（事实上可以是5美元到12美元的任何价格）进行交易，就会创造7美元的社会总收益（福利）。因为，在10美元的价位上，甲认为他获得了5美元的境况改善（利润），乙则认为他获得了2美元的境况改善（消费者剩余）。

卡尔多-希克斯于1939年发表的《经济学福利命题与个人之间的效用比较》论文，提出了"虚拟的补偿原则"，作为其检验社会福利的标准。他认为，市场价格总是在变化的，价格的变动肯定会影响人们的福利状况，即很可能使一些人受损，另一些人受益；但只要总体上来看益大于损，就表明总的社会福利增加了，简言之，卡尔多-希克斯的福利标准是看变动以后的结果是否得大于失。由此看来，卡尔多-希克斯补偿原则是一种假想的补偿，而不是真实的补偿，它使帕累托标准宽泛化了。

按照帕累托改进的标准，只要有任何一个人受损，整个社会变革就无法进行。但是按照卡尔多-希克斯改进的标准，如果能使整个社会的收益增大，变革也可以进行，无非是如何确定补偿方案的问题。所以，卡尔多-希克斯标准实际上是总财富最大化标准。这实际上意味着我们在一项变革中，主要考虑的是社会价值最大化和社会财富最大化，当然这里可能包含着收入分配不公。应该强调的是，如果变革不成功，卡尔多-希克斯改进可以转化成帕累托改进。这是我们愿意接受卡尔多-希克斯标准的主要理由。

按照卡尔多-希克斯意义上的效率标准，在社会的资源配置过程中，如果那些从资源重新配置过程中获得利益的人，只要其所增加的利益足以补偿在统一资源重新配置过程中受到损害的人的利益（受益人增加的效益大于受损人的损失），那么，通过受益人对受损者的补偿，可以达到双方满意的结果，这种资源配置就是有效率的。实现卡尔多-希克斯改进需要有个条件：建立损益各方开展谈判的平台，建立补偿制度。

生态保护补偿属于卡尔多-希克斯改进的性质，决定了实施这一制度既离不开不同区域、不同行业、不同部门、不同经济主体之间的讨价还价和自愿协商，又离不开政府的强制力和行政协调[8]。

生态补偿机制是指为改善、维护和恢复生态系统服务功能，调整相关利益者因保护破坏生态环境活动产生的环境利益及其经济利益分配关系，以内化相关活动产生的外部成本为原则的一种具有经济激励特征的制度。生态补偿机制是生态补偿标准化的前期。生态经济学中生态补偿机制研究的主要内容是确定补偿对象和补偿主体、寻找补偿途径、核算补偿标准等。但生态补偿机制不注重各部分之间的系统联系，未曾研究各部分如何有机联系。

补偿对象和补偿主体的确定主要依据"谁破坏，谁付费"的原则。由于生态服务可以扩展到地区、国家甚至全球，这就为界定受偿方和补偿方增加了困难。相比之下，受偿方较支付方容易辨别。学者们对生态服务在空间上的流转机制已经做了不少研究，比如生态系统提供了哪些生态服务，作用于哪些地区，作用强度如何等，据此可以鉴别生态服务的受益者，从何受益，以及受益程度。为了避免单要素补偿造成的生态保护的重复实施，生态补偿应在生态功能区划的基础上，确定实施地区，划定受偿方。受偿地区一般为贫困地区，这些地区因贫困问题导致生态问题，补偿停止后将重新面临生态退化的危险。若要实现生态系统的持续健康发展，必须同时满足人们日益增长的物质文化需求。因此，生态补偿还肩负着提高社会福利，改变粗放落后的生产方式，调整产业结构，提高生活水平的重任，即应将"输血式"补偿转变为"造血式"补偿。虽然参与者同时也是未来生态服务的受益者，但比起他们所承受的经济成本来说，其受益可忽略不计。也有学者运用模型来确定生态补偿对象和主体，如运用生态经济模型预测了生态预算的时空安排，为生态补偿政策的实施提供了依据。

生态补偿的途径和方式因不同的区域、不同的内容而差别很大，因此途径较多，方法也很多。生态补偿途径包括政府补偿和市场补偿两大类型。政府补偿包括以下几种：财政转移支付，差异性的区域政策，生态保护项目实施，环境税费制度等；市场补偿包括公共支付、一对一交易、市场贸易、生态（环境）标记等。补偿方式可以分为资金补偿、实物补偿、政策补偿和智力补偿等。按照补偿条块可以分为纵向补偿和横向补偿；按空间尺度大小可以分为生态环境要素补偿、流域补偿、区域补偿和国际补偿等。学者运用层次分析法（AHP）、逻蒂斯谛（Logistic）回归模型和毛细管电泳（CE）等方法对生态补偿方式的支付意愿进行了统计分析，得出区域补偿主体（如苏格兰地区的居民、哥斯达黎加的当地居民和外国游客）对以税收的模式和环境服务增加的付费水平等隐性方式参与生态补偿有较强的支付意愿。

目前生态补偿标准存在以下缺陷：①缺乏与补偿客体的交互性；②空间分配不够细致，缺乏与"3S"技术的支持；③缺乏动态补偿和贴现研究；④缺乏等级划分和幅度选择方面的研究。

2.2.1.2 西方经济学的理论

外部性亦称外部成本、外部效应（Externality Effect）或溢出效应

（Spillover Effect）。外部性可以分为正外部性（也称外部经济、正外部经济效应）和负外部性（也称外部不经济、负外部经济效应）。外部性概念的定义问题至今仍然是一个难题，有的经济学家把外部性概念看作是经济学文献中最难捉摸的概念之一。

从经济学的角度来看，外部性的概念是由马歇尔和庇古在 20 世纪初提出的，是指一个经济主体（生产者或消费者）在自己的活动中对旁观者的福利产生了一种有利影响或不利影响，这种有利影响带来的利益（或者说收益）或不利影响带来的损失（或者说成本）都不是生产者或消费者本人所获得或承担的，是一种经济力量对另一种经济力量"非市场性"的附带影响。外部性的存在造成社会脱离最有效的生产状态，使市场经济体制不能很好地实现其优化资源配置的基本功能。

外部性也可以说是一方的行为以非市场方式对另一方的福利构成的影响，或者是一个行为主体的行动直接影响到另一个或另一些行为主体的福利。外部性有正负之分，比如被放在互联网上的免费软件，由于没有专利权的保护，任何人都可以拿它来为自己服务，而每个人的使用并不排除其他人的同时使用，它产生的就是正外部性。负外部性的例子如工厂排放的污水之于下游的居民，或者汽车排放的尾气之于过路的行人，产生的都是负外部性；对自然资源的掠夺性开发和对生态环境的严重破坏以及司空见惯的随处抽烟等产生的也是负外部性。

外部性被定义为经济当事人的经济活动对非交易方所产生的非市场性的影响。在外部性中，对受影响者有利的外部影响被称为外部经济，或称为正外部性，对受影响者不利的外部影响被称为外部不经济（负外部性）。

非市场性影响并没有通过市场价格机制反映出来，如当厂商和居民因为外部经济而得益时，他们并不需要为此而向他人支付报酬，而当他们因为外部不经济而受到损失时，他们也得不到相应的补偿。因外部经济而得到的收益和因外部不经济而受到的损失分别被称为外部收益和外部成本。

　　生产的外部性就是由生产活动所导致的外部性，消费的外部性就是由消费行为所带来的外部性。以往经济理论重视的是生产领域的外部性问题。20世纪70年代以后，关于外部性理论的研究范围扩展至消费领域。从外部经济与外部不经济、生产的外部性与消费的外部性两种分类出发，可以把外部性进一步细分成生产的外部经济性、消费的外部经济性、生产的外部不经济性和消费的外部不经济性四种类型。

　　外部性的一个特例是果园与养蜂者的关系。果园主扩大果树种植面积会使养蜂者受益，养蜂者无须向果园主付费。在果树授粉期，养蜂者同样使果园主受益，果园主也无须向养蜂者付费。这里，双方的生产活动都给对方带来了外部经济。但这种例子比较少见。

　　经济活动对环境和生态的影响具有外部性，特别是环境污染会造成外部不经济，这是公认的事实。在这方面，外部性的应用已经扩展到宏观范围。例如，它被用来说明一国的某些经济活动给全球环境带来的外部不经济。假如微观经济单位能够因其产生的外部经济而向得益者收取相应费用，或者因其产生的外部不经济而向受害者支付相应补偿，从而使经济意义上的外部性不复存在，这被称为外部影响的内部化。

　　在现实生活中，消费活动或生产活动都有可能产生外部性。消费者在自己的住宅周围养花种树净化环境会使他的邻居受益，但是他的邻居并不会为此向他做出任何支付。

　　消费者在公众场合抽烟、扔垃圾会影响他人健康，但他并不会因此向受害者支付任何形式的补偿费。生产中的外部性更是不乏其例。大企业为运输原材料和产品所修建的道路，往往供沿线居民和小企业免费使用。化工、钢铁、焦油等污染严重行业的厂家生产过程中排放的废水、废气等会给其他生产者与消费者造成损害，但是污染物的排放者却没有给受害者以应有的赔偿。凡此种种均属外部性问题。

　　外部效应理论说明如果不对生态保护等活动给予补偿的话，生态保护的活动就会供给不足，从而就会出现生态退化问题。建立生态补偿机制在很大程度上就是对因进行生态保护而付出代价的经济主体进行补偿，从而有利于增加生态保护等活动的供给。

庇古和科斯手段的目的都是为了解决外部性问题，使社会成本内在化；两者在资源与环境保护领域的应用即为生态补偿手段。在产权没有明确界定的情况下，由于无法决定谁的行为妨碍了谁，谁应该受到限制，因而也就不能作出谁应该补偿谁的决定。而在界定清晰产权的基础上，即 A 产权相对于 B 产权而言，其所界定的行为权利与利益边界是十分明确、无交叉含混的，此时，若 A 产权主体的行为超过了其产权所界定的行为或利益边界时，他相对于 B 产权而言就是非产权主体。在这种情况下，A 要么因其行为对 B 产权主体所造成的损害加以补偿，要么因要求 B 产权主体将其产权的一部分转让（即通过市场交易重新划定产权边界）而作出补偿。只有这样的补偿才是确定的、清晰的，才是有意义的、公平的。因此，生态补偿应以资源产权的明确界定作为前提，在此前提下，通过体现超越产权界定边界的行为的成本，或通过市场交易体现产权转让的成本引导经济主体采取成本更低的行为方式，达到资源产权界定的最初目的：资源和环境被适度持续地开发和利用；经济发展与保护生态达到平衡协调。

如何解决生态保护中正外部性的内部化呢？与对产生外部不经济的行为进行征税类似，对产生外部经济的行为进行补偿是解决外部经济内部化的一种重要手段，其补贴的额度应该正好等于外部收益。由于存在正外部效应，追求利润最大化的厂商按照成本收益原则，会将产量定在盈亏平衡点处，而社会最优的产量应按照边际收益等于边际成本的原则固定在最优点处。现在假定政府给厂商每单位产品支付补贴，厂商的私人受益就会向上移动，厂商则会把产量由盈亏平衡点扩大到最优点，盈亏平衡点与最优点的差就是由于政府补贴所导致的产出增量，这就是生态补偿的外部效应理论依据。外部效应理论在生态保护领域已经得到广泛的应用，例如排污收费制度、退耕还林制度就分别是征税手段和补偿手段的应用。相对而言，对负外部性的征税手段用得多一些，而对正外部性的补偿用得少一些。要激励人们从事具有正外部性的生态保护行为，补偿机制不能少。

关于生态补偿的理论基础，研究者们运用了多种不同的学说来加以解释。庇古指出外部性形成的原因在于市场失灵，必须靠政府干预来解决；对于正外部影响政府应予以补贴，对于负外部影响应处以罚款，以使外部性生产者的私人成本等于社会成本，从而提高整个社会的福利水平。Canters（1996）认为双方产权不清是外部性问题的实质，因此要解决外部性问题首先必须明确产权。俞海和任勇则从自然资源利用、环境资源产权、公共物品属性、外部性和自然资源环境资本论5个方面研究了生态补偿的理论。第一，自然资源环境利用的不可逆性是生态补偿的自然要求和生态学基础。第二，环境资源产权权利界定是生态补偿的法理基础和制度经济学基础。第三，公共物品属性是生态补偿政策途径选择的公共经济学基础。第四，外部性的内部化是生态补偿的核心问题和环境经济学基础。第五，自然资源环境资本论是生态补偿的价值基础和确定补偿标准的理论依据。这些理论都从不同的角度论述了对环境资源利用进行生态补偿的合理性。其基本思路是通过恰当的制度设计使环境资源的外部性成本内部化，由环境资源的开发利用者来承担由此带来的社会成本和生态环境成本，使其在经济学上具有正当性。另外，可持续发展理论的公平、公正原则，为人们探索代际补偿与代内补偿、国家和地区之间的补偿及区域之间的补偿提供了理论依据。

生态服务与传统经济学意义上的服务实际上是一种购买和消费同时进行的商品，不同在于生态系统服务只有一小部分能够进入市场被买卖，大多数生态系统服务都是公共品或准公共品，无法进入市场。公共产品理论也是生态补偿的重要理论依据。按照萨缪尔森在《公共支出的纯理论》中的定义，纯粹的公共产品或劳务是每个人消费这种物品或劳务不会导致别人对该种产品或劳务消费的减少，而且公共产品或劳务具有与私人产品或劳务显著不同的三个特征：效用的不可分割性、消费的非竞争性和受益的非排他性。凡是可以由个别消费者占有和享用，具有敌对性、排他性和可分性的产品就是私人产品。介于二者之间的产品称为准公共产品。公共产品是与私人物品相反的、不具备明确的产权特征，形体上难以分割和分离，消费时不具备竞争性或排他性的物品（例如大气质量、河流）。公共物品一般具备如下两个特征之一：消费的无竞争性和消费的无排他性（不能阻止任何人免费享受某物品的消费）。公共产品中有一类是非竞争性的非专有物品，纯公共物品。国防是最贴近的一种纯公共物品，这些物品只能由私人慈善机构或公共部门提供（它能用财政收入资助提供这些物品）。竞争的非专有物品主要是指共有资源，它有竞争性，但没有排他性。例如海洋中的鱼是一种竞争性物品，当一个人捕到鱼时，留给其他人捕的鱼就少了。但这些鱼并不是排他性物品，因为几乎不可能对渔民所捕的鱼收费。非竞争的专有物品是当一种物品有排他性但没有竞争性时，可以说存在这种物品的自然垄断。例如道路，私人可以投资修建，并设站收费。由于生态保护有公共产品的非排他性，从事生态保护的经济主体牺牲了自己发展经济的机会成本，而使得其他一些没有从事生态保护的经济主体获得生态效益。如果不对生态保护主体进行补偿，就会导致生态保护投入的不足。生态产品在很大程度上属于公共产品。作为公共产品的生态产品，由于消费中的非竞争性往往导致"公地的悲剧"——过度使用，由于消费中的非排他性往往导致"搭便车"心理——供给不足。政府管制和政府买单是有效解决公共产品的机制之一，但不是唯一的机制。如果通过制度创新让获得收益者付费，那么，生态保护者同样能像生产私人物品一样得到有效激励。

此外，西方经济学认为理想的市场经济是资源在不同用途和不同时间上有效的配置，需要具备以下条件：所有资源的产权一般来说是清晰的；所有稀缺资源必须进入市场，由供求关系决定其价格；信息完整并处于完全竞争状态；人类行为没有明显的外部性，公共产品的数量不多；不存在短期行为、不确定性和不可逆决策。如果这些条件不满足，市场就不能有效配置资源。西方经济学这样定义市场失灵：对于非公共物品而言，由于市场垄断和价格扭曲，或对于公共物品而言由于信息不对称和外部性等原因，导致资源配置无效或低效，从而不能实现资源配置零机会成本的资源配置状态。

市场失灵有各种表现，主要有：①有利于提高社会经济活动整体效率的公共物品极度短缺；②社会成员间收入与财产分配状况严重不合理；③市场经济自身固有的不稳定性导致的经济供求周期性不平衡；④外部经济不能得到充分发挥与外部非经济不能得到有效控制。

鉴于自由市场经济运行机制自身不能克服市场失灵问题，人们就要借助政府财政职能的发挥对市场进行补偿。具体来说，就是通过政府有针对性的财政活动，尽可能地解决市场失灵问题，把市场失灵给社会经济发展带来的消极影响降低到最低限度。政府干预消除或缓和市场失灵主要是通过明晰产权、法律法规和制度安排等手段。但是实现这些设计目标的手段途径是很困难的。政府干预由各种规章制度形成，可以分成两类：一是行政工具，如规章制度的限制，对特定行为的限制或规范；二是财政工具，如税收补贴制度及市场许可，目的是建立对私人行为的激励模式。对已经存在的市场使用财政激励方式是比较合适的，但是由于这样或那样的原因，也可能不能达到预定的效率目标。即使一定水平的供给是社会所需要的，对于许多公共物品的供给，市场经济也可能是无效的。公共物品和服务的供给就是需要政府干预的领域，政府干预能够显著提高社会效益。

政府为克服市场失灵而进行的经济干预活动未必总是奏效，于是出现（与市场失灵相对应的）政府失灵问题。政府失灵是指政府进行的过度干预，妨碍了市场经济机制正常职能作用的发挥，反而给社会经济生活带来了更大危害。因此政府与市场的关系不可能是相互替代的关系，而只能是相互补充的关系。政府失灵是政府干预不当而无法达到预期效果甚至带来不良后果的经济现象。

政府失灵的主要原因是违背客观规律，管得过多、过细所造成的，包括：信息不完全、不真实造成政府失灵；由决策的成本过大和政策效应的

"时滞"所造成的政府失灵；由"上有政策，下有对策"造成的政府失灵；由政府部门的既得利益和官员个人的"寻租"行为所造成的政府失灵；政府的无效干预，即政府宏观调控范围和力度不足或方式选择失当，不能够弥补"市场失灵"、维持市场机制正常运行的合理需要，比如对生态环境的保护不力。

政府的过度干预是指政府干预范围和力度超过了弥补"市场失灵"和维持市场机制正常运行的合理需要，或干预的方向不对路，形式选择失当。比如不合理的限制性规章制度过多过细，公共产品生产的比重过大，公共设施超前过度；各种政策工具选择及搭配不适当，过多地运用行政指令性手段干预市场内部运行秩序，结果非但不能纠正市场失灵，反而抑制了市场机制的正常运作。

2.2.2　可持续发展理论

2.2.2.1　可持续发展理论

20 世纪 50 年代至 70 年代末是可持续发展思想与观念的形成时期。在这个时期，资源经济学家、环境经济学家和其他领域经济学家分别从资源的最优利用、环境保护等方面进行了大量的研究。他们在研究过程中所阐述的理论和发展观念隐含了不少可持续利用、可持续分析和可持续发展的思想，这为后来的可持续发展概念及理论的产生奠定了认知基础。在探索自然资源的开发利用和生物多样化保护过程中，美国经济学家西里阿希·旺特卢普（Ciracy Wamtrup，1952）在《资源保护：经济学与政策》一书中提出了最低安全标准法的思路。他阐述了生态环境破坏的后果具有不确定性，可能造成无法弥补的损失，产生不可逆转的影响。为了防止这一问题的发生，有必要采用最低安全标准。其基本思路是以当代人的道德规范，为当代人和后代人设计某种代际间的社会合约。若将人类活动造成的自然系统的损害用费用大小和不可逆性的程度两个变量来表示，则当代人应把人类行为对自然系统的影响控制在一定的损失和不可逆转界限（最低安全标准）以内，在此前提下再考虑自然资源的开采和利用问题。毕晓普（Bishop，1978）对西里阿希·旺特卢普的最低安全标准法的定义进行了进一步发展，提出了面对不确定性和不可逆转性时，最好的选择是使这种最大的损失最小化。最低安全标准法给予较低的开发效益以特别关注，即较低的开发效益是使最大损失最小化的最好选择。换句话说，在我们决定使自然资本发生不可逆转的损失之前，应该确认开发的效益是非常巨大的。福伊斯特（Forester，1960）等在《科学》杂志上发表了题为《世界末日：公元 2026 年 11 月 23 日，星期五》的论文，向世人提出世界末日的警告。卡逊（Carson，1962）描述了自工业革命以来所发生的重大公害事件造成环境污染后的"寂静春天"，其影响之深远，被认为是一个新的"生态学时代"的开始。波尔丁（Boulding，1966）将系统方法应用于经济与环境相关性的分析，并倡导建立既不会造成资源枯竭，又不会造成环境污染和生态破坏的、能循环利用各种物质的"循环式"经济体系，来替代过去的"单程式"经济体系。戴利（Daly，1971）将古典经济学的"稀缺"概念延伸到更为广泛的环境领域，并提出了稳态经济（Steady Economy）的构想，还倡导自然环境、人类和财富均应保持在一个"静止"稳定的水平，而且这一水平要远离自然资源的极限水平，以确保不可再生资源的低速消耗，防止环境的破坏和自然美景的大量消失。以 D. L. 梅多斯（Meaduws 等，1972）为首的美国、德国、挪威等一批西方著名科学家组成的罗马俱乐部，通过运用多种宏观模型模拟人口增长对资源消耗过程，提出世界趋势研究报告《增长的极限》，得到了密切关注，引起激烈讨论，使人类意识到所面临的严峻问题。该报告揭示出，除非环境得到保护，否则即使经济增长保持在静止的水平也是不可持续的，这已不是单纯的环境问题。佩奇（Pege，1977）研究了技术进步的环境效应，在《环境保护与经济效率》一书中提出了"技术进步的非对称性"的概念，即资源开发技术和环境保护技术的不对称性。研究表明，技术进步在客观上可能促进环境资源的开发利用，但不利于环境的保护与持续。在这个时期内人们从辩论环境质量与经济增长关系转向于对环境的关注，其理论探索构成了第一次环境革命的核心。

1992 年里约环境与发展大会召开，构成了第二次环境革命时代。可持续发展成为最引人注目的词汇，这一时期也是可持续发展概念和理论不断被提出和探索的阶段，出现了百家争鸣。影响较大的可持续发展定义主要涉及以下三个方面：一是可持续发展的目标是发展，确保人类的生存；二是可持续发展的本质是寻求经济、社会与生态（资源与环境）之间的动态平衡；三是可持续发展的核心在于当代人，区际与代际之间的公平性，维持几代人的经济福利。

2.2.2.2　矿产资源可持续利用理论

矿产资源是人类社会赖以生存的一种重要物质，是国家安全与经济发展的重要保证。截至 2002 年底，我国已发现 171 种矿产，查明有资源/储量的矿产 158 种，其中：能源矿产 10 种，金属矿产 54 种，非金属矿产 91 种，水气矿产 3 种，是全球矿产资源种类比较齐全的国家之一。中国矿业既面临新的发展机遇，也面临更为严峻的挑战。工业化、城市化和农业现代化同步快速推进，必将促使矿产资源刚性需求上升，资源环境约束更加凸显，必须积极应对、多措并举，努力增强矿产资源对经济社会发展的保障能力。

矿产资源的可持续利用或矿产资源系统的可持续发展是实现社会经济可持续发展的前提，而矿产资源又是不可再生资源，因此要解决社会经济可持续发展问题，首先必须解决矿产资源的可持续利用问题。因为矿产资源对经济发展具有强制约作用，所以从有效配置、价值和产权三个角度介绍矿产资源的可持续利用理论。

资源的有效配置是西方古典经济学的核心论题，矿产资源可持续利用的有效配置理论的研究是基于以下假设展开的：第一，资源稀缺性假设。古典经济学关于资源稀缺性假设认为，自然资源是有限的，而人类的需求是无限的，有限的自然资源供给与无限的需求相比是越来越稀缺的，如土地资源、矿产资源。资源的稀缺有两层含义，一是绝对稀缺，即传统经济学家认为自然资源的有限性对于满足人类无限需求而言总是稀缺的；二是相对稀缺，指获得资源的难度愈来愈大，即获得同样数量和质量的自然资源，随着时间的推移所消耗的资本越来越多。第二，资源替代性假设。古典经济学家认为，当一种资源难以取得时，可以用其他相对容易取得的实现同样功能的资源来替代，资源替代性假设也是资源有效配置的重要前提。第三，资源生产与消费动机假设。西方经济学假设资源生产者是以取得利润为行为动机和目标的，而消费者则以获得消费效用最大化为动机和目标。在此假设条件下，研究资源开发利用和消费的规律性以及如何引导他们的行为，实现资源的最优配置。

矿产资源可持续利用的价值理论包括劳动价值论、效用价值论、财富价值论和双重价值论四个部分的内容。劳动价值论以马克思的劳动价值理论为依据，对自然资源是否具有价值进行研究，形成的主要观点包括：①主张价值是凝结在商品中的无差别的人类劳动或抽象劳动，具有使用价值的自然资源，由于是非人类劳动的产品，因此不具有价值；②自然资源有价值，其价值量取决于获取资源信息而投入的劳动量，即勘探资源的劳动价值；③主张自然资源没有价值，但有价格。效用价值论从价值哲学的角度，认为价值是客体对主体的效应。其中效应泛指客体对主体的一切功效、作用与影响，客体对主体的正效应是正价值，反之是负价值。从对价值的认识出发，认为天然形成的自然资源的价值是该资源对人类社会产生的各种效应的总和，并称之为"自然价值"。财富价值论认为资源是任何社会发展的物质基础，是具有价值的东西，自然财富、储备的资源是真正的财富。双重价值论认为资源价值既是劳动价值的体现，也是潜在社会价值的体现，自然资源价值包括人类劳动，体现在认识资源、勘探资源、保护开发资源所付出的劳动上，这部分劳动体现了资源现实的劳动价值。资源自身由于具有的效用性、稀缺性，使其具有潜在的价值，这是体现社会价值的方面。还有其他一些观点，如替代价值论、价格决定论、均衡价格论、边际效用论等，这些观点从不同的角度论证了资源价值的存在性。

资源的产权理论是加强资源管理、实现资源可持续利用的基础，资源产权理论源于西方产权理论。西方现代产权理论的创始人是 1991 年诺贝尔经济学奖获得者美国芝加哥大学教授科斯（Coase）。科斯的主要贡献是发现并阐述了交易费和产权在经济组织和制度结构中的重要性及其在经济活动中的重要作用。现代西方产权理论是一种如何安排产权结构，并形成合理有效的产权制度的理论，主要内容包括三个方面：①交易费用理论。交易费用即"利用价格机制的费用"或"利用市场的交换手段进行交易的费用"。科斯认为，只要存在交易费用，产权制度就是必要的。②产权效率分析，是指如何选择产权的基本关系，即产权归谁所有。③产权制度的选择，即产权制度选择的依据是使交易费用尽可能低，可以提高社会经济运行效率，增加社会财富。

2.2.3 生态学的角度

生态补偿标准化的研究涉及生态学的许多内容，最重要的是生态系统服务功能价值理论。生态系统服务是指生态系统与生态过程所形成及所维持的人类赖以生存的自然效用。

生态系统服务包括气体调节、气候调节、扰动调节、水调节、水供给、控制侵蚀和保持沉积物、土壤形成、养分循环、废物处理、传粉、生物控制、避难所、食物生产、原材料、基因资源、休闲、文化 17 个类型（Costanza 等，1997）。

随着生态经济学、环境和自然资源经济学的发展，生态学家和经济学家在评价自然资本和生态服务功能价值的变动方面做了大量研究工作，将评价对象的价值分为直接和间接使用价值、选择价值、内在价值等，并针对评价对象的不同发展了直接市场法、替代市场法、假想市场法等评价方法。生态环境评价已经成为今天的生态经济学和环境经济学教科书中的一个标准组成部分。Costanza 等人（1997）关于全球生态系统服务与自然资本价值估算的研究工作，进一步有力地推动和促进了对生态系统服务的深入、系统和广泛研究。

生态服务的价值是一个效用价值。在中国经济学界，马克思的劳动价值论居于主导地位。根据劳动价值论，生态系统服务中由于没有包含人类劳动时间，所以是没有价值的。要在中国说服人们生态服务具有价值，首先需要确立生态服务的"效用价值"，根据效用价值论（效用价值论是指以物品满足人的欲望的能力或人对物品效用的主观心理评价解释价值及其形成过程的经济理论），生态系统服务具有价值必须满足两个条件：一是生态系统服务对人类具有效用，二是生态系统服务具有稀缺性。由于人类经济发展对生态环境的破坏，生态系统服务已经成为一种稀缺资源，同时科学研究证明了生态系统服务对人类生存的重要性，越来越多的人承认生态系统服务对人类生存发挥的重要作用，显然，生态系统服务满足了两个必要条件，生态系统服务具有效用价值。

美国康斯坦扎等人在测算全球生态系统服务功能价值时，首先将全球生态系统服务分为17类子生态系统，之后采用或构造了物质量评价法、能值分析法、市场价值法、机会成本法、影子价格法、影子工程法、费用分析法、防护费用法、恢复费用法、人力资本法、资产价值法、旅行费用法、条件价值法等一系列方法，分别对每一类子生态系统进行测算，最后进行加总求和，计算出全球生态系统每年能够产生的服务价值。每年的总价值为16~54万亿美元，平均为33万亿美元。33万亿美元是1997年全球GNP的1.8倍。

生态服务功能价值减少，即生态资源遭到破坏，称为生态破坏，也称生态失调。生态失调是由于外来干扰超越生态系统的自我调节能力，使生态系统不能恢复到原来状态而产生的现象。生态系统是一个反馈系统，具有自我调节能力。但是，这种调节能力具有一定的限度，任何生态系统都只能在某一限度内自我调节自然界或者人类施加的干扰和冲击，这个限度叫"生态阈限"。超越了生态阈限，自动调节能力降低甚至消失，生态平衡失调，系统中有机体数量减少，生物量下降，组分缺失，能量流动和物质循环发生障碍，信息流阻塞，这一系列连锁反应导致整个系统的慢性崩溃。

地球上的生态资源种类繁多，因为各方面的原因时刻发生着变化，而引起这种变化的原因主要有两点：其一，人为灾害，即受人类活动的影响引起的环境破坏（如人类开采矿产资源、砍伐树木等）；其二，自然灾害，即各生态系统相互作用引起的灾害。一般来说，生态破坏基本上是针对第一个原因来讲的，因为第二个原因引起的生态破坏是正常的自然灾害，在可接受的范围之内。

生态破坏的基本特征包括社会特征和自然特征。社会特征反映了生态破坏的全球性、社会性以及政治性。全球性表现在世界各地普遍存在生态破坏，影响甚为广泛，并且危及社会与人类；社会性表现在生态破坏已经渗透社会的各层各面，在自然科学、社会科学等领域中研究颇多；政治性表现在生态破坏的社会性必然引起政治性问题，生态破坏引起的国际贸易的"绿色壁垒"必然深化国际矛盾，甚至一些国家的总统的选举也把生态环境作为一项考核指标。自然特征反映了生态破坏的整体性、不确定性以及不可逆性。整体性表现在生态系统各组成部分如土壤、大气、植被、水域等以特定的结构联系在一起行动，进而呈现出不同状态；不确定性表现在以现在的知识水平和科学技术难以度量未来要发生的一些事件，即生态系统是否破坏以及破坏程度在未来是难以估计的；不可逆性表现在，根据热力学第二定律，生态破坏是熵的增加过程，而这种过程是不可逆的。

因环境破坏而造成生态平衡失调的原因也可以从两个方面来阐述：自然因素造成的失调和人为因素造成的失调。

自然因素包括如下内容。

（1）生态系统内部的原因。自然生态系统是一个开放系统。由绿色植物从外界环境把太阳光和可溶态营养吸纳到体内，通过物质循环和能量转换过程使可溶态养分积聚在土壤表层，把部分能量以有机质的形态贮存于土壤中，从而不断地改造土壤环境。改造后的环境为生物群落的演替准备了条件，生态群落的不断演替，实质上就是不断地打破旧的生态平衡。可见，物质和能量在表土中的积累，其本质就是对原平衡的破坏。生物群落的演替可以是正向演替，也可以是逆行、退化演替。如果是逆行演替，则是打破原来的生态平衡后建立更低一级的生态平衡而已，本身意味着稳态的削弱。

（2）生态系统外部的原因。由于自然因素如火山爆发、台风、地震、海啸、暴风雨、洪水、泥石流、大气环流变迁等，可能造成局部或大区域的环境系统或生物系统的破坏或毁灭，导致生态系统的破坏或崩溃。如果自然灾害是偶发性的或者是短暂的，尤其是在自然条件比较优越的地区，则灾害发生后靠生物系统的自我恢复、发展，即使是从最低级的生态演替阶段开始，经过相当长时期的繁衍生息，还是可以恢复到破坏前的状态的。如果自然灾害持续时间较长，而自然环境又比较恶劣，则可能造成自然生态系统的彻底毁灭，甚至是不可逆转的（如沙漠和荒漠的形成）。综观全局，自然因素所造成的生态平衡的破坏多数是局部的、短暂的、偶发的，常常是可以恢复的。

人为因素包括如下内容。

（1）人与自然策略的不一致。人类对于自然，一个共同的目标是"最大限度地获取"，所以砍光森林、开垦草原、围湖造田、乱捕滥猎、竭泽而渔等，从而造成一系列的生态失调。自然生态系统在长期发展进化中，不断积累能量以消除增加的熵，来维持系统自身的平衡和稳定。这种最大限度的保护策略却经受不住人类的冲击，人类给以各种生态系统极大的影响，超越了它们的生态阈限，最终导致系统的崩溃。

（2）滥用资源。资源是人类生存的基础，也是自然生态平衡的物质基础。长期以来，人们对资源有两点错误认识：一是认为自然资源取之不尽、用之不竭；二是认为自然资源可以无条件更新。应该说，地球上蕴藏的资源的确是丰富的，但不是无限的；大部分资源被人类利用是有条件的，即使是可更新的资源也有更新的条件，更何况许多资源消失了就不会再有，如生物物种。

人类最大限度地生产的策略自然会导致掠夺性地开发和经营，已经富有的想更加富有，贫穷的要填饱肚子，于是生活在地球上不同地区、不同国家、不同社会阶层的人共同向大自然掠夺，导致地球上各种宝贵的资源加速耗竭，森林、草原面积减少，不但使许多生物物种灭绝，而且直接影响气候环境和水土流失。如矿产的不当开采不但浪费了宝贵的资源而且污染了环境。对资源的滥用使得地球各类生态系统潜伏着危机。

（3）经济与生态分离。人类有史以来，向大自然索取任何东西都是理所当然的，因而在传统的经济学和经济体系中，自然界的服务不表现价值，也就是说是免费的，造成许多破坏珍贵自然资源的行为长期以来屡禁不止，如捕杀野生动物大象、犀牛、熊猫等，因为可以从它们的角、牙、皮毛等获得暴利，采集珍贵的野生药材和植物更是一本万利。这些掠夺性的行为投入少、产出高，走私、偷猎者们可获得极高的经济效益，却要整个社会为他们承受长远的经济和生态后果。大自然不但是人类的宝库，还是垃圾场，许多工厂排放污物，使自然界和整个社会成为容纳污染物的免费车间，这种现象用生态经济的概念叫"费用外摊"。这些现象是个人经济效益越好，社会生态效益越坏，是经济与生态的分离而不是统一。

在讨论这个问题的时候，首先区分何为"环境"，何为"生态"。沈满洪将环境定义为各种社会因素和自然因素的综合并且会影响人类的生存和发展。徐嵩龄是把"生态破坏"作为环境破坏的一种，将由于人类对资源的不合理开发造成生态退化的问题称为生态破坏，而把人类废弃物排放到环境中引起的污染问题称为污染破坏。分开来说，环境是对我们的周围各种因素的总称，生态有自己独特的含义，当生态和破坏联系在一起时，我们特指生态系统失调和退化问题，不包括污染问题。

生态破坏作为环境破坏的一种，其破坏的生态资源类型主要有森林资源、水资源、土地资源、地表资源以及草场资源，如图 2-1 所示。

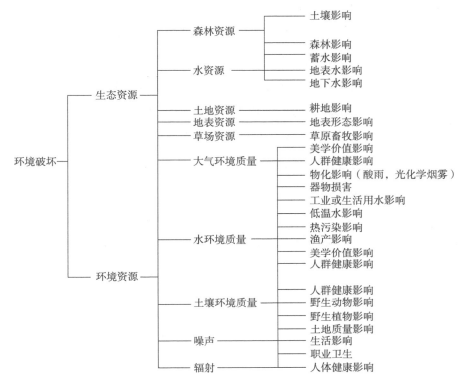

图 2-1　一般环境经济损失评估指标体系

2.2.4　管理学的角度

在生态补偿标准化的研究中，标准化系统是基于管理学标准化的理论发展而来的。随着社会发展，产生了标准化活动。标准化是社会发展实践的产物，不仅受社会发展制约，还为社会发展提供条件。标准化系统是将系统科学与标准化相结合，运用系统工程方法论指导标准化工作，运用系统工程管理的思想对全部标准化活动进行计划、组织、实施、领导与控制，确保标准化活动取得最佳的社会经济效益。本书基于研究需要，首先介绍标准、标准化的概念，系统和系统论及相关概念。

2.2.4.1　标准的含义

标准是为了获得最佳秩序，经协商一致，对重复使用的事物所作的一种规范。[9]制定标准一般指制定一项新标准，是指制定过去没有而现在需要进行制定的规范。它是根据生产发展的需要和科学技术发展的需要及其水平来制定的，因而反映了当前的技术水平。制定这类标准的工作量最大，工作要求最高，所用的时间也较多。它是一个国家的标准化工作的重要方面，反映了这个国家的标准化工作面貌和水平。一个新标准制定后，由标准批准机关分配一个标准编号（包括年代号），同时标明它的分类号，以表明该标准的专业隶属和制定年代。制定标准的目的是获得最佳秩序；制定标准的前提是具有共同使用、重复使用属性的事物；制定标准的基础是利益相关者协商一致；标准的表现方式一般是规范性文件。

标准的区域性较强，标准制定背景限制了标准使用的范围，不同国家标准的制定以本国经济发展状况和本国文化等为基础，不同行业标准的制定受行业发展限制。因此，在引入国外标准或参考其他标准时应依据本国国情、本行业情况实施。

2.2.4.2　标准化

标准和标准化是对同一个问题的不同表现维度，标准是尺度，标准化是过程。标准化的基本概念最早是在1972年由桑德斯提出的，他认为标准化是考虑所有相关方利益，各方协调、制定各项规章制度并实施的过程。此后，日本的松浦四郎在标准化活动中引入了熵的概念[10]，他认为：为了使熵不增加，使事物从无序状态发展到有序状态，人类有意识地努力简化不必要的多样化的活动。熵概念的引入为应用系统论研究标准化活动提供了理论依据。国际标准化组织（ISO）和国际电工委员会（IEC）认为标准化是一种活动，它的目的与制定标准的目的基本相同，都是为了获得最佳秩序。标准化活动是对共同使用或重复使用的概念制定、发布和实施标准的系统过程。波兰标准化基础知识中提及标准化是杜绝浪费的最好方法，也是能够在短时间达到统一的好方法，有利于企业改革，迅速改变目前情况[11]。此外，GB3951.1-83认为标准化是为了获得最佳秩序和社会效益，对重复性事物通过制定标准、实施标准达到一定范围和时间内的统一。

综合上述定义标准化。首先，标准化活动是不断循环、螺旋上升的。每一个螺旋层的上升都是以技术进步、科技创新等为源动力，根据市场经济客观情况不断地循环上升，每一次的上升代表着标准质量更上一个台阶。其次，标准化是有目的的活动，建立最佳秩序，以使产品流程、生产经营活动、市场交易行为有条理化、有序化，使商品具有通用性、兼容性和互换性等[11]。它是指在经济、技术、科学和管理等社会实践中，对重复性的事物和概念，通过制定、发布和实施标准达到统一，以获得最佳秩序和社会效益；是为适应科学发展和组织生产的需要，在产品质量、品种规格、零部件通用等方面规定统一的技术标准。标准化可分国际范围的标准化或全国范围的标准化及工业部门的标准化。标准化是组织现代化生产的重要手段和必要条件；是合理发展产品品种、组织专业化生产的前提；是公司实现科学管理和现代化管理的基础；是提高产品质量、保证安全和卫生的技术保证；是国家资源合理利用、节约能源和节约原材料的有效途径；是推广新材料、新技术、新科研成果的桥梁；是消除贸易障碍、促进国际贸易发展的通行证。

2.2.5　系统论的角度

系统分析是为了解决人类活动和社会系统中不断涌现的复杂难题而发展起来的一种以人为中心，服务于管理决策的科学理论和方法。它是一个有目的、有步骤的探索和分析过程，为决策者提供直接判断和决定最优系统方案所需的信息和资料，从而成为系统工程的一个重要程序和核心组成部分。其应用范围很广，一般用于重大而复杂问题的分析，如政策与战略性问题的分析、选择，新技术的开发、设计，企业系统的输入、处理和输出的分析等。

从广义上说，系统分析就是系统工程；从狭义上说，就是对特定的问题，利用数据资料和有关管理科学的技术和方法进行研究，以提供解决方案和决策的优化方案。它采用系统方法对所研究的问题提出各种可行方案或策略，进行定性和定量分析、评价和协调，帮助决策者提高对所研究问题的认识清晰度，以便决策者选择行动方案。系统分析的重点在于通过系统研究，调查问题的状况和确定问题的目标，再通过系统设计，形成系统的结构，拟定可行方案；通过建模、模拟、优化和评价技术对各种可行方案进行系统量化分析与比较，最后输出适宜的方案集及其可能产生的效应，供决策者参考。

2.2.5.1 系统的理解

自然界和人类社会普遍存在各种系统，如计算系统、生物系统、工业系统、农业系统等。从某种程度上说系统无处不在、无处不有，对系统的理解也不尽相同。

《韦氏大词典》这样解释系统："有组织的和被组织化了的整体；结合整体所形成的各种概念和原理的综合；由有规则、相互作用、相互依赖的诸要素形成的和等。"奥地利生物学家贝塔朗菲定义系统为："相互作用的诸要素的综合体。"日本工业标准《运筹学术语》中对系统的定义是："许多组成要素保持有秩序向同一目标行动的体系。"钱学森指出系统具有三个特性：第一，系统是由若干元素组成；第二，这些元素之间相互依赖、相互共存；第三，由于元素间的相互作用，使系统作为一个整体具有特定的功能。罗森（Rosen）认为系统是一个符合名词。其论文提出"标准化系统"，这种复合性就决定了标准化系统的二维特征，即具有标准化的特征，又具有系统的特性。对标准化系统进行研究时充分体现了系统的二维特征——标准化和系统，只有将二者结合起来研究，才能弄清楚标准化系统的研究对象。

尽管系统一词频繁出现在社会生活和学术领域中，但不同的人在不同的场合往往赋予它不同的含义。长期以来，对系统概念的定义和其特征的描述尚无统一规范的定论。一般定义为：系统是由一些相互联系、相互制约的若干组成部分结合而成的、具有特定功能的一个有机整体（集合）。本书从三个方面理解系统的概念。

（1）系统是由若干要素（部分）组成的。这些要素可能是一些个体、元件、零件，也可能其本身就是一个系统（或称之为子系统）。如运算器、控制器、存储器、输入/输出设备组成了计算机的硬件系统，而硬件系统又是计算机系统的一个子系统[5]。

（2）系统有一定的结构。一个系统是其构成要素的集合，这些要素相互联系、相互制约。系统内部各要素之间相对稳定的联系方式、组织秩序及失控关系的内在表现形式就是系统的结构。例如钟表是由齿轮、发条、指针等零部件按一定的方式装配而成的，但一堆齿轮、发条、指针随意放在一起却不能构成钟表；人体由各个器官组成，单个各器官简单拼凑在一起不能成为一个有行为能力的人。

（3）系统有一定的功能，或者说系统要有一定的目的性。系统的功能是指系统在与外部环境相互联系和相互作用中表现出来的性质、能力和功能。例如信息系统的功能是进行信息的收集、传递、储存、加工、维护和使用，辅助决策者进行决策，帮助企业实现目标。

与此同时，也可以从以下几个方面对系统进行理解：系统由部件组成，部件处于运动之中；部件间存在着联系；系统各主量和的贡献大于各主量贡献的和，即常说的 1+1>2；系统的状态是可以转换、可以控制的。

系统在实际应用中总是以特定系统出现，如消化系统、生物系统、教育系统等，其前面的修饰词描述了研究对象的物质特点，即"物性"，而"系统"一词则表征所述对象的整体性。对某一具体对象的研究，既离不开对其物性的描述，也离不开对其系统性的描述。系统科学研究将所有实体作为整体对象的特征，如整体与部分、结构与功能、稳定与演化等。

上述对系统的定义虽然不尽相同，但从本质上讲内涵基本相同。概括起来可以定义系统：系统是指由两个或两个以上相互作用、相互依赖的元素组成的具有特定功能的有机整体。

2.2.5.2 系统论及系统动力学

系统动力学简称 SD（System Dynamics），它是一种以计算机模拟技术为主要手段，通过结构—功能分析，研究和解决复杂动态反馈性系统问题的仿真方法，运用"凡系统必有结构，系统结构决定系统功能"的系统科学思想，根据系统内部组成要素互为因果的反馈特点，从系统的内部结构来寻找问题发生的根源，而不是用外部的干扰或随机事件来说明系统的行为性质。它认为任何系统都具有一定的结构和由此结构表现出一定的功能，并且系统内的一切事物普遍存在因果关系。从系统动力学的特点来看，它主要研究的是复杂动态反馈性系统。系统动力学认为，所有社会、经济和生态等系统都是反馈系统，其系统的动态行为特性是由该系统固有的、规则的并且是可识别的结构决定的[12]。

系统动力学对问题的理解，是基于系统行为与内在机制间的相互紧密依赖的关系，并且透过数学模型的建立与操控的过程而获得的，逐步发掘出产生变化形态的因、果关系，系统动力学称之为结构。所谓结构是指一组环环相扣的行动或决策规则所构成的网络，例如指导组织成员每日行动与决策的一组相互关联的准则、惯例或政策，这一组结构决定了组织行为的特性。构成系统动力学模式结构的主要元件包含下列几项："流"（flow）"积量"（level）"率量"（rate）"辅助变量"（auxiliary）。

系统动力学是在总结运筹学的基础上，为适应现代社会系统的管理需要而发展起来的。它不是依据抽象的假设，而是以现实世界的存在为前提；不追求"最佳解"，而是从整体出发寻求改善系统行为的机会和途径。从技巧上说，它不是依据数学逻辑的推演而获得答案，而是依据对系统的实际观测信息建立动态的仿真模型，然后通过计算机试验来获得对系统未来行为的描述。简单而言，"系统动力学是研究社会系统动态行为的计算机仿真方法"。具体而言，系统动力学包括如下几点：①系统动力学将生命系统和非生命系统作为信息反馈系统来研究，并且认为，在每个系统之中都存在着信息反馈机制，而这恰恰是控制论的重要观点，所以，系统动力学是以控制论为理论基础的；②系统动力学把研究对象划分为若干子系统，并且建立起各个子系统之间的因果关系网络，立足于整体以及整体之间的关系研究，以整体观替代传统的元素观；③系统动力学的研究方法是建立计算机仿真模型—流图和构造方程式，实行计算机仿真试验，验证模型的有效性，为战略与决策的制定提供依据。

系统动力学认为，动态行为是系统结构的一个结果，导致事物随时间变化的根源是系统内在的反馈结构而非系统外的作用力。系统动力学的应用范围几乎遍及各个领域，一切存在内部结构的系统都可以运用系统动力学来进行研究。系统动力学用定量和实验的方式研究社会、经济和管理等活动中的信息反馈特性，研究系统的组织结构、政策的加强作用及在决策和行动中的时间延迟作用对系统的增长和稳定性的影响，即对系统动态行为的影响。矿产资源开发补偿体系具备系统的特性，各个部分都相互关联并处于运动和发展之中，因此可运用系统动力学来研究。系统动力学模型以因果关系为基础，清晰地表达系统的作用机制，并随着系统动力学和生态学的不断发展和应用，可实现更为精确的模拟效果。

生态经济学的基本思想是把经济过程和生态过程看作是相互联系、有机结合的统一的生态经济过程，生态系统或经济系统不是孤立存在的、封闭的系统，而是生态经济系统的一个组成部分；生态经济平衡不是单独的经济平衡或生态平衡，而是统一的生态经济平衡；生态经济效益既不是纯粹的生态最优，也不是纯粹的经济最优，而是生态经济最优，是生态与经济的协调发展。由此可见，系统分析方法是进行生态经济学研究的不可缺少的重要方法。用系统论进行的生态经济研究有以下几个特点：第一，应用系统的稳定性、可测性、可控性理论，可以对真实系统进行管理与预测，尤其是用状态变量描述方法来对系统的内部联系进行深入探索。第二，系统模型所以能描述和预测生态经济系统中各级水平的行为，依赖于适用于所有系统的一个原理，即层次组织原理。所谓层次组织原理，就是可以把一个大的系统整体划分为若干子系统，子系统还可再分为亚系统，这样构成一个递进型的组织。预测或控制某系统或子系统的行为，就是将同一级的各子系统按最优化运行，然后把这些子系统统一规划，使之协调起来，达到全局或整体最优化。第三，真实系统中各个成分的行为作用关系，以及非生物因素、生物因素、人类经济活动等各个阶段的作用，均能包括在系统模型内，因此可以清晰地洞察出系统各部件与整体的细节动态关系，从而作出预测。第四，由于系统模型的参数在整个系统中可以被改变，通过系统中参数的变动就可以检验出各个参数对系统输出的贡献大小，从而把此结果应用于确定未来的研究方向上，还可以明确地提供研究项目优先级。

Vensim 作为一种软件，在系统动力学中得到了广泛应用。Vensim 通过其功能强大的图形编辑环境，建立动态模型，将各状态变量、速率变量之间的关系以适当方式写入模型，软件自动记录各变量之间的因果关系，最后将各变量、参数间的数量关系以方程式写入模型。通过模型建立的过程，可了解变量间的因果关系与反馈回路，通过程序中的特殊功能了解各变量的输入与输出间的关系，便于模型建立者修改模型的内容。最后，软件能导出决策树、因果关系图和模拟数据等一系列图形和数据。

2.2.5.3　标准化系统

标准化系统将系统科学与标准化结合，运用系统工程方法论指导标准化工作，运用系统工程管理的思想对全部标准化活动进行计划、组织、实施、领导与控制，确保标准化活动取得最佳的社会经济效益[11]。标准化建立的基本思路是在一定时期，通过制定成套标准，解决综合性问题。同传统标准化相比，综合标准化的优点是：制定标准的目标明确；标准制定项目完整配套；标准的制定和实施时间统筹安排、结合紧密；易于实现标准之间技术要求的协调；避免标准重复和矛盾；易于通盘考虑和实现标准参数最佳化；获得更好的效益。由此可见，综合标准化具有跨行业、跨部门、多学科、横向性的工作特点，标准体系具有明显的综合性、目的性、完整配套性、整体协调性的特征。

张锡纯在关于标准化系统工程及其研究对象的探讨中给出了标准化系统工程的定义，确定了标准化系统工程的研究对象，阐述了用系统工程方法论指导标准化工作，为目前我国标准化事业发展奠定了理论基础[13]。张淑贞在标准化系统工程方法论研究中，将系统工程方法论六维结构模型运用到标准化工作中，并举例子详细说明了六位结构在标准化系统工程中的应用将会取得效果[14]。

标准化系统的要素包括指标体系，指标体系是指由若干个相互联系的统计指标组成的有机整体。指标体系建设是研究整个系统的关键。对复杂系统的研究，必须理清思路，按照一定的方法对整个系统进行划分。标准化系统指标体系建设必须具有依存性，标准化必须依存于依存主体。依存于国家，即是国家标准化系统指标体系建设；依存于企业，则称为企业标准化系统指标体系建设。

2.3　文献回顾

2.3.1　生态补偿

在国际上，国际林业研究中心界定的生态补偿概念被普遍接受。他们认为生态补偿实质上是生态服务付费（Payments for Ecosystem Services，PES），具体包括：①生态服务付费应该是一个自愿交易；②生态服务应该得到准确的界定，或者是能够得到确定的某种形式；③生态服务购买者和提供者各至少存在一个；④提供者和购买者自愿交易发生的条件是当且仅当提供者持续提供该服务。因此，PES实质是激励生态保护行为的内部化。

国外对生态补偿的研究主要是两大领域，即补偿前研究和补偿后评价。前者的研究多以理论分析与模型构建为主，通过各类客观条件的引入来使得研究成果更具针对性。后者主要以PES的形式进行，相应绩效的研究多以案例研究为主，并通过定量分析将补偿结果以具体数字体现。Levrel通过对美国各州的生态补偿制度进行分析，总结了这些州的生态补偿成本，并通过评价模型的建立对各州的补偿效率进行了评价。Aradottir 等对政府生态补偿的原因进行了说明，并从理论的角度对补偿政策能够取得的效应进行了预测。[15] Adhikari 等（2013）对美国、英国、日本等发达国家的生态补偿案例进行了概述，对生态补偿实施效果的影响因素进行了总结，并从公平、参与、民生、可持续发展四个方面对各个案例的补偿效果进行了对比[16]。Brady 等（2012）借助一种基于代理人的 Ariplis 模型对农民用地决策进行了模拟，并以此为基础对实现农业发展与生态保护之间的平衡进行了计算。Huber 等基于 SPSS 软件对瑞士某山区的生态补偿效果进行了评价，并找到了提升当地生态效率的最佳路径。Crookes 等采用系统动力学的方法对南非地区的生态修复能力进行了分析，并指出了其可能存在的风险。Duncan 等研究了影响植被修复工程的因素，并运用 Bayes 模型对修复成本进行了计算。Harrison 等运用概念模型（Conceptual Model）构建了评估沼泽林保护绩效的监测程序。

自 20 世纪 80 年代以来，国内外进行了大量的生态补偿实践。根据不同项目所提供的生态服务的种类，可以划分为流域管理、农业环境保护、林业、自然生态环境的保育与恢复、碳汇和景观保护等方向。其中流域管理项目，如环境服务支付、日本和哥斯达黎加流域下游对上游的生态补偿，主要为改善与净化水质、保持土壤、降低侵蚀与沉积、涵养水源、防洪，兼顾调节气候、防风固沙、维护景观、保护野生生物等；农业环境保护项目，如欧洲的农业环境项目、中国的退耕还林还草工程、美国的保护与储备计划（CRP）、环境质量激励项目（EQIP）、加拿大的永久性草原覆盖恢复计划（PPCRP），主要为保持土壤、降低侵蚀与沉积、防风固沙、减少农药化肥的污染，兼顾调节气候、维护景观、保护野生生物等；林业项目，如爱尔兰的私人造林补贴和林业奖励、中国的森林生态效益补偿基金，基本涵盖上面所提到的所有的生态服务功能，另外还包括固碳功能；自然生境的保育与恢复项目，如栖息地保护公约、美国渔业与野生动物保护方案（FWS）、新西兰的生物多样性保护激励措施，主要针对生物多样性保护，同时提供其他生态服务；碳汇项目，如《京都议定书》、欧盟排放交易方案（EU ETS），主要是防止全球变暖，同时提供其他生态服务；景观保护项目，如瑞士自然保护区景观保护、尼泊尔自然保护区景观保护、伯利兹城（洪都拉斯首都）保护区信托，主要为保护特殊景观，提供休闲、文化等服务。

2.3.2 生态补偿标准

生态补偿标准是建立生态补偿制度的基础，是生态补偿制度的关键。生态补偿标准估算得准确与否、科学与否关系到生态补偿制度能否顺利实施。通常情况下，确定生态补偿标准的依据是生态补偿项目建设和保护成本。生态补偿标准的确定常常取决于生态补偿项目中参与各方对生态建设直接成本、当地居民机会成本和发展成本的谈判结果。因此，充分动员生态补偿项目的利益相关方参与到生态补偿标准的制定过程中，不仅有利于保护生态补偿过程中承受损失的基层人群的利益，还可以促进利益各方对生态补偿的认识，从而提高生态补偿标准制定的准确性，提高生态补偿效率。

陈光清（2001）在生态补偿标准基本估算方法的基础上，利用系统价值评估模型构建生态系统服务功能价值的模型，再结合恩格尔系数对估计结果进行修正，并将修正结果作为生态补偿的标准。汤明（2009）对鄱阳湖湿地补偿标准进行的测算发现：湿地补偿标准的测算方法及其标准的核定对于执行《全国湿地保护工程实施规划（2011—2015年）》具有重要的实际意义。鄱阳湖湿地目前所实行的标准与实践之间尚存在不足，从湿地补偿责任主体、标准、方式、途径等方面进行探讨，具有重要的理论价值和实践意义。

作为生态补偿的核心问题，生态补偿标准的确定备受关注。生态补偿标准估算是否准确、合理，很大程度上取决于生态系统服务功能价值的估算是否准确和科学。基于这种认识，完善和发展以生态系统服务功能价值估算为基础方法的生态补偿标准的估算就显得尤为重要，而进一步厘清两者关系就成为下一步研究的基础工作。

生态资本理论是生态补偿标准估算的基础理论之一。该理论建立的假设之一是认为生态系统服务功能价值具有相应的经济价值。从经济学的角度分析，生态系统服务是人类对生态系统进行补偿后的产出，生态补偿和生态系统服务符合投入和产出的关系。由于人类改变自然能力的提高，生态环境已经受到人类活动的严重影响。因此，生态补偿标准就体现为人类对生态系统服务恢复和发展的投入和管理，即人类通过生态补偿促进生态系统结构和功能的不断优化，并产生相应的生态效益。从人类实践来看，生态系统服务功能价值的确定，可有效促进人类对生态系统服务产生新的、更加直观的认知，有利推动了市场机制对生态系统服务价值的评估。以此为基础估算生态补偿标准，有利于标准的接受程度。通过对生态系统服务功能价值的准确估算和生态补偿标准的确定，也为自然生态环境管理部门制定相应的生态环境保护政策、自然资源开发利用政策，以及人类自身活动规范政策提供重要依据，从而有利于区域生态环境发展，促进人类可持续发展。

区域生态系统服务持续健康发展有赖于当地生态系统结构和功能的稳定。从生态学的角度来看，在没有外力的影响时，区域生态系统具备的自我调节能力能够保障系统内部结构和功能的相对稳定。然而随着经济发展和人类行动范围的扩大，区域生态系统自身结构和功能不断被破坏，直接导致区域生态系统自身调节机制被削弱甚至消失。因此，消除人类活动对生态系统的负面影响是保障区域生态系统服务持续健康发展的关键。生态补偿是一种有效的调解手段，它通过生态补偿标准协调人类的经济利益关系，促进生态系统服务功能得到保障和发展。生态补偿标准是费用标准，其增加了那些过度消耗、使用或者破坏生态环境的活动的成本。同时，生态补偿标准也是激励标准，促进生态系统保护和建设主体不断地向区域生态系统提供物质和能量。生态补偿标准就是通过上述两种方式实现维护生态系统结构和功能稳定的目的，从而保障区域生态系统的健康发展。

从供给与需求的视角来看，生态系统服务功能价值的供给与需求是生态补偿标准建立的基础。只有在生态系统服务供给存在的情况下，同时外界产生对生态系统服务需求，生态补偿标准的确定才具有实际意义。从实践的视角来看，生态补偿标准就是生态补偿主体对生态系统服务供给的基本标准，同时也是生态系统服务维持自身基本功能和结构稳定的必要补充。生态系统服务价值便是连接生态系统服务需求、生态补偿标准的纽带。

生态补偿标准关系到补偿的效果和可行性，科学地设定补偿标准成为生态补偿的难点和核心。前文对生态补偿标准进行了定义，从狭义的观点来看，生态补偿标准是成本估算，包括生态系统服务功能价值增加量、损失量（效益量）计算等。目前，国内主要依据对生态系统服务功能价值的评估作为补偿标准，采用了机会成本法、市场价格法、影子价格法、碳税法、重置成本法等进行评估，并据此确定补偿额度。由于补偿对象的不一致，也有学者使用边际农业生产收入和环境保护成本的平衡点核算退耕还林补偿金（周晓峰）；以增加湿地的生态服务功能价值为上限，以农户损失的机会成本为下限，并结合农户调查确定具体的标准（熊鹰）；以生态足迹为依据，比较旅游者与当地居民生态足迹的差异，评估旅游产业造成的生态环境压力以及居民退耕还林、退耕还草行为的生态环境保护价值，制定生态补偿的额度标准（章锦河，张捷）；以森林资源的生态区位商和主导生态价值来核算森林生态补偿标准（鲍锋），方法因研究对象而异，不一而同。李晓光等运用机会成本法确定海南中部山区的生态补偿标准，认为如何选取合适载体是解决问题的关键，并且分析了时间因子和风险因子对运用机会成本法确定标准的影响。张伟从社会公平的角度出发，利用计量模型的模拟结果，构建"地理要素禀赋当量"指标，分析区域间地理要素禀赋差异对区域发展的影响，提出社会生态补偿的区域空间分配标准，有助于避免生态补偿政策制定中的"一刀切"现象。曾霞利用系统动力学方法建立了生态补偿模型对流域农村面源污染进行研究，对模拟结果进行分析，提出提高污染治理效果的关键是加大污染初期的投入，提高污染初期的治理量，并且采用多元化的补偿方式使生态补偿从"输血式"补偿变为"造血式"补偿；建立污染治理专项基金，使流域农村面源污染的治理和社会经济得到可持续的发展。

2.4 本章小结

目前对生态补偿的研究如火如荼，各种说法兼有。本章首先对生态补偿、生态补偿标准、生态补偿标准化的概念进行阐述。对生态补偿的理解有广义和狭义之分，广义的生态补偿包括污染环境的补偿和生态功能的补偿，包括对损害资源环境的行为进行收费和对保护资源环境的行为进行补偿，以提高该行为的成本与收益，达到保护环境的目的。狭义的生态补偿是指对生态功能补偿的费用；是通过体制创新解决好生态产品这一特殊的公共产品中的"搭便车"现象，激励人们从事生态保护投资并使生态资本增值的一种经济手段。因此，从广义上看，生态补偿标准实际上是受益者与损失者经过讨价还价而达成补偿标准的过程，也可理解为生态补偿标准确定或生态补偿资金筹措及发放过程等。狭义的生态补偿标准是指补偿金额，也称生态补偿额、生态补偿资金等。生态补偿标准化应该是一系列生态补偿活动在系统论的指导下构建的科学管理模式。生态补偿标准化的程序应该包括制定生态补偿标准，形成标准体系；制定监测指标体系，及时提供动态监测评估信息，逐步建立生态补偿管理模式；制定生态文明考核评价体系，逐步建立生态补偿标准化模式。生态补偿标准和生态补偿标准化是两个不同的研究范畴，生态补偿标准化的研究范围比生态补偿标准宽泛，严格地说生态补偿标准是属于生态补偿标准化研究范畴的。

本章将生态补偿标准化的研究所涉及的经济学、生态学、管理学以及系统论的相关理论和知识进行梳理，从生态经济学、西方经济学、可持续发展理论和矿产资源可持续利用理论等经济学理论的角度分析建立生态补偿标准化系统的理论支撑。作为生态学和经济学的交叉研究领域，生态补偿研究在生态学理论中十分重要，涉及生态价值量、生态系统等理论，本章一并做了梳理。在生态补偿标准化研究中，标准化是属于管理学的领域，因此，本章对标准、标准化的概念和内容从管理学的角度进行了阐述，由于跨领域较大，本部分更多地引用《标准化系统结构模型构建及系统功能优化研究》一文的内容。系统论是本书的方法论基础，本章详细地介绍了系统和系统论的相关概念等。

3

区域生态补偿标准化研究

生态补偿标准化与生态补偿标准是两个不同的研究范畴，应该说生态补偿标准是隶属生态补偿标准化的。通过研究生态补偿标准化，能够使生态补偿的实施过程更加系统可行，因此，生态补偿标准化是一项系统工程，本章将从系统论、生态经济学和管理学角度对区域生态补偿标准化进行构建。

一般认为，区域生态补偿标准化研究包括区域生态补偿标准化的必要性和可行性，区域生态补偿标准化系统构成，区域生态补偿标准的确定，区域生态补偿管理等一系列内容。

3.1　区域生态补偿标准化的必要性和可行性

3.1.1　区域生态补偿标准化的必要性

十八届三中全会以来，从国家到地方各个层面都制定了涉及生态补偿的相关制度和措施，其中包括退耕还林政策、草原生态补偿制度、新安江跨省流域生态补偿机制试点、中央森林生态效益补偿基金制度、水资源和水土保持生态补偿机制、矿山环境治理和生态恢复责任制度、重点生态功能区转移支付制度等。但总体来说，我国的生态补偿制度无论是在建设上还是在实施上都比较薄弱。而且，由于生态补偿机制极为复杂，各方面意见难以获得统一，国家层面未能出台完善生态补偿机制的相关法律法规，致使生态补偿不能形成统一的管理模式，从而生态补偿管理混乱，效果甚微[17]。

我国已有生态法律法规，从立法动机上看多为应急立法，即某一问题表现突出，对人的生产生活造成了一定的阻碍时，才仓促立法。因此，需制定生态补偿的相关法规，合理确定不同阶段的立法重点和目标。研究制定推动生态补偿的综合性基础法规，对目前有关生态补偿的法律规定进行整合，在此基础上制定《生态补偿法》，作为生态补偿的基础性法规[18]。针对不同领域制定生态补偿专项法规，如《矿产资源开发生态补偿法》《流域生态补偿法》《自然保护区生态补偿法》等。完善其他的配套法规，可为环境保护法规、资源开发利用法规等的修订完善奠定基础，这些法规的完成都要求生态补偿形成体系，有一套完整的标准化系统。

建立生态补偿标准化具有十分重要的意义。第一，能进一步完善、健全生态补偿制度，促进生态补偿的顺利开展；第二，能整合现有的生态补偿制度，制定更加适用的生态补偿措施；第三，从程序上完善生态补偿机制，建立起全面保障生态补偿机制顺利实施和运行的标准。

3.1.2　区域生态补偿标准化的可行性

生态补偿能否建立统一模式，能否建成标准化模式值得研究。本书认为，生态补偿标准化是一项系统工程，将系统科学与生态补偿标准化相结合，运用系统工程方法论指导生态补偿标准化工作，运用系统工程管理的思想对全部生态补偿标准化活动进行计划、组织、实施、领导与控制，可确保生态补偿标准化活动取得最佳的社会经济效益。生态补偿具有一定的同一性，可以建成统一模式。

基于以上分析，生态补偿标准化的程序应该包括：①确定生态补偿主客体，制定生态补偿标准，逐步形成标准体系。包括两部分：一是形成标准体系。根据各领域、不同类型地区的特点，完善测算方法，分别制定生态补偿标准。二是完善监测评估指标体系。综合运用效果评价法、收益损益法、随机评估法等方法开展生态补偿研究，逐步建立资源环境价值评价体系，健全重点生态功能区、跨省流域断面水量水质国家重点监控点位和自动监测网络，制定和完善监测评估指标体系，及时提供动态监测评估信息。②确定统一的管理机构，完善自然资源资产产权管理，监督生态补偿资金使用情况，逐步建立生态补偿管理机构。③建立规范的生态补偿考评体系，制定监测指标体系，及时提供动态监测评估信息，逐步建立生态补偿标准化模式。生态补偿标准化程序的每一步都科学合理、可操作，从理论上说，将生态补偿标准化是可行的。

3.2 区域生态补偿标准化系统构成

生态补偿标准化的研究主体是生态补偿系统，对于生态补偿系统来说，它的一级子系统包括生态系统、经济系统和生态保护系统三个系统元，以及三个系统元间的协调机制。

生态系统为经济系统提供资源（作为源①），同时又吸纳人类的废弃物（作为汇②）来支持人类的社会发展。经济系统是一个开放系统，为了实现经济系统的可持续性、公平和高效，必须清楚地理解经济系统依赖资源的属性。为方便起见，本书先将资源分为生物资源和非生物资源两类。

3.2.1 区域生态补偿标准化系统框架

生态补偿作为一种环境管理模式，在整体上对全社会的生产活动进行宏观调节。

对生态破坏、环境污染及生态功能的恢复与治理进行系统管理，需要从补偿制度法制化、补偿主体行政化、补偿手段市场化、补偿标准科学化、补偿方式多样化、补偿管理规范化六个方面入手[19]。生态补偿标准化系统框架要满足生态补偿要达到的目的，要包含以下内容：科研院所制定

---

① "源"是指提供可利用物质原料的那部分环境，这些物质原料是经济过程提供的吞吐量的组成成分，最终以废物形式返回到环境汇中。

② "汇"是接受吞吐量中废物流的那部分环境，汇如果没有被填满，可以通过生物化学循环将废弃物更新为有用的原料。

补偿标准（核算过程）——政府部门实施管理过程（怎么实施）——环境
部门实施绩效评价（评估方法、评估体系等），具体内容如图3-1所示。

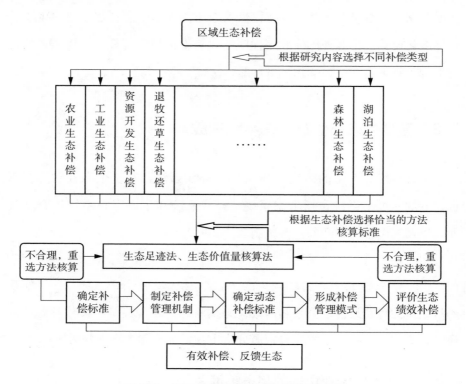

图3-1　区域生态补偿标准化系统框架图

3.2.2　区域生态补偿标准化的内容

　　如图3-2所示，区域生态补偿标准化的内容包括补偿制度、补偿手
段、补偿标准、补偿方式和补偿管理等一系列系统活动，重点需要解决以
下问题：生态补偿谁主导？什么地方需要生态补偿？生态补偿标准是多
少？应该以什么方式进行生态补偿？生态补偿管理的问题是什么？

　　目前，补偿制度中最大的问题就是必须实现补偿主体行政化。生态补
偿过程中，由于受损主体和受益主体往往不易界定，难以实现受益主体向
受损主体直接补偿。如果主体不能实现行政化，就不能充分发挥政府在建

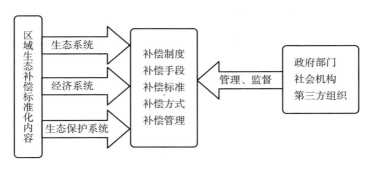

图 3-2　区域生态补偿标准化内容

立生态补偿机制中的主导作用。政府在生态补偿中起到的作用是组织生态
功能的补偿以及提高微观主体的生态保护意识。

　　生态补偿标准核算一直缺乏可参照的方法体系，导致核算结果误差过
大，因此，需要制定生态补偿核算技术方法指南，指导生态补偿的核算。
此外，政府部门、社会机构和第三方组织应研究制定生态补偿评价体系，
对生态补偿的经济效益、社会效益和环境效益进行合理评估，根据评估的
结果及时调整相关政策。

3.3　区域生态补偿标准的确定

　　生态补偿标准化研究的侧重点在生态补偿标准核算上。生态补偿标准
是生态补偿标准化的核心，而生态补偿标准的核算却相当困难，也不易形
成统一模式。因此，本节对区域生态补偿标准的确定依据、核算内容、核
算方法等进行阐述。

3.3.1　生态补偿标准确定依据

　　生态补偿标准是生态补偿标准化系统的核心部分。普遍认为生态补偿
实质上是生态服务/效益付费（PES），具体应包括：①生态服务/效益付费
应该是一个自愿交易；②生态服务/效益应该得到准确的界定，或者是能

够得到确保的某种形式；③生态服务/效益购买者和提供者各至少存在一个；④提供者和购买者自愿交易发生的条件是当且仅当提供者持续提供该服务。因此，PES实质是激励生态保护行为的内化。

生态补偿标准的确定一般参照以下四方面的价值进行初步核算：①生态保护者的投入和机会成本的损失。按生态保护者的直接投入和机会成本计算生态保护者为了保护生态环境投入的人力、物力和财力。同时，由于生态保护者要保护生态环境，牺牲了部分的发展权，这一部分机会成本也应纳入补偿标准的计算之中。从理论上讲，直接投入与机会成本之和应该是生态补偿的最低标准。②生态受益者的获利。生态受益者没有为自身所享有的产品和服务付费，使得生态保护者的保护行为没有得到应有的回报，产生了正外部性。为使生态保护的这部分正外部性内部化，需要生态受益者向生态保护者支付这部分费用。因此，可通过产品或服务的市场交易价格和交易量来计算补偿的标准。通过市场交易来确定补偿标准简单易行，同时有利于激励生态保护者采用新的技术来降低生态保护的成本，促使生态保护的不断发展。③生态破坏的恢复成本。资源开发活动会造成一定范围内的植被破坏、水土流失、水资源破坏、生物多样性减少等，直接影响到区域的水源涵养、水土保持、景观美化、气候调节、生物供养等生态服务功能，减少了社会福利。因此，按照"谁破坏，谁恢复"的原则，需要将环境治理与生态恢复的成本核算作为生态补偿标准的参考。④生态系统服务功能价值。生态系统服务功能价值评估主要是针对生态保护或者环境友好型的生产经营方式所产生的水土保持、水源涵养、气候调节、生物多样性保护、景观美化等进行的综合评估与核算。国内外已经对相关的评估方法进行了大量的研究。就目前的实际情况，由于在采用的指标、价值的估算等方面尚缺乏统一的标准，且在生态系统服务功能与现实的补偿能力方面有较大的差距，因此，一般按照生态系统服务功能计算出的补偿标准只能作为补偿的参考和理论上限值。参照上述计算，本书建议，综合考虑国家和地区的实际情况，特别是经济发展水平和生态破坏状况，通过协商和博弈确定当前的补偿标准；最后根据生态保护和经济社会发展的阶段性特征，与时俱进，进行适当的动态调整。

3.3.2　生态补偿标准核算内容

生态补偿标准的测算和确定是生态补偿从理论走向实践的关键环节。目前，对生态补偿标准的核算思路大致可分为两种：①从生态建设成本核算的角度来确定；②从生态效益的角度，通过对区域生态系统服务功能价值的核算来确定。这两种思路主要从自然生态补偿和经济生态补偿的角度来拟定区域补偿标准，且在理论基础和具体计算中仍存在着很多不足和争议。目前，生态补偿标准按照生态系统服务功能价值、生态保护者的直接投入和机会成本、基于生态修复和基于补偿意愿等来计算，但各有利弊，不成体系。本书认为，构建区域生态补偿标准的核算系统，应根据区域特点，考虑不同的补偿要素，从不同的角度选择不同的方法。

3.3.2.1　生态系统价值量

作为生态系统服务功能的具体体现，生态系统价值量更加直观，可以度量。生态系统服务功能是指生态系统与生态运行过程所形成及所维持的人类赖以生存的自然环境条件与效用。它不仅为人类提供了食品、医药及其他生产生活原料，还创造与维持了地球生命支持系统，形成了人类生存所必需的环境条件[20]。从生态学上定义，生态系统服务功能主要包括向经济社会系统输入有用物质和能量、接受并转化来自经济社会系统的废弃物，以及直接向人类社会成员提供的服务功能，如人们普遍享用的洁净空气、水等舒适性资源。关于生态系统服务功能或环境服务功能的研究始于20世纪70年代Westman提出"自然的服务"的概念及其价值评估问题。到1997年Daily主编的《自然的服务——社会对自然生态系统的依赖》的出版及Constanza等的文章《世界生态系统服务与自然资本的价值》的发表，标志着生态系统服务功能的价值评估研究成为生态学和生态经济学研究的热点和前沿[18]。

从经济学角度来看，生态系统价值量和生态补偿是一种"投入和产出"的关系，当研究区域更多涉及类型与价值估算时，偏重选择生态系统服务功能价值核算法，例如三江源生态国家公园。生态价值量的核算，以1公顷全国平均产量的农田每年自然粮食产量的经济价值为基准值，对各生态系统生态价值进行权重赋值（如当量因子法），把各生态系统产生的生态服务贡献大小的潜在能力进行基准值估算，定义为生态价值当量。

以生态系统价值量为基础，对生态补偿标准进行确定是目前理论上最合理的方法。该方法是在生态学发展以及对生态环境服务价值计算需求不断增长的基础上发展起来的，根据生态系统服务功能价值评估或者生态破坏损失评估来建立生态补偿标准。以生态系统价值量确定生态补偿标准的理论认为，"体现生态补偿价值，既要用价格反映出要素的稀缺程度，使资源的开发利用走上集约化的道路，又要让价格反映出环境的价值，应把生态环境作为一种特殊的要素，进行相关价值界定，把生态环境成本真正纳入生产经营成本，实现环境成本由外部化到内部化的转变"。

生态系统价值量方法的发展促使生态学家和经济学家在评价自然资本和生态系统服务功能价值方面做了大量研究工作。他们将评价对象的价值分为直接使用价值和间接使用价值、选择价值、内在价值等，并根据评价对象的不同发展了直接市场法、替代市场法、假想市场法等评价方法，运用这些方法对生态系统提供的不同服务做出了价值评估，从而得出生态系统服务功能总价值。特别是随着生态系统服务功能价值理论和方法的发展，已经有越来越多的学者将该理论应用到生态补偿标准的研究上，并在此基础上形成了基于生态系统服务功能价值的生态补偿标准量化方法，依据这一量化方法确立的生态补偿标准也被认为是生态补偿的最高标准。

目前对生态系统价值量的核算有以下难点。

（1）由于生态系统功能与服务的复杂性，以及人类对价值认识存在着的局限性，使得一些功能与服务之间不能一一对应，不能人为区分或定量描述，这为准确计算带来无法克服的困难。

（2）生态系统的生态服务功能是广泛的，我们不可能对每种功能都一一计量，而且各项指标核算的方法各不相同。目前，尚没有一个被人们普遍接受的生态系统服务功能的评价指标体系与方法，已有评估方法大多是基于对生态系统服务的基于个人偿付意愿建立的，并在许多假设条件下进行计量，其评估结果不具有可比性。因此，建立一个统一的、成熟的生态系统服务功能价值指标体系是当务之急。

（3）目前依据这一方法计算出来的生态系统服务功能价值估算结果均远远超过财政的承受能力，缺少实际可操作性。

（4）生态系统服务功能价值的量化多是采用一些替代法计算，但由于不同人对参数选取的差异，所得结果往往差异很大。

3.3.2.2　生态经济损失

从受损角度针对经济行为所产生的负外部性采取的一种核算标准，也是当前比较常用的一种方法。以生态经济损失来确定生态补偿标准属于福利补偿损失。随着生态文明建设提升至国家战略高度，生态环境经济损失的研究意义已突破生态环境经济学的学科局限，逐步发展为"生态文明"建设与评价体系的重要组成部分[21]。本书中的生态经济损失包括直接损失和间接损失，主要是指经济行为给人带来的经济损失、精神损失、机会损失等。

随着工业污染的加剧，生态环境损失的评估工作逐渐提升到国家与国际层面。自 20 世纪 70 年代以来，联邦德国、美国、荷兰和欧盟都尝试对本国或地区的生态环境污染损失进行经济评估，以便更清晰地了解实际经济增长的速度和质量。1993 年，联合国统计局发布了《环境经济综合核算体系》（SEEA），开启了绿色国民经济核算的新篇章。国内对生态环境经济损失的评价研究起步于 20 世纪 80 年代，经历了理论探索、方法创新和政策实践三个阶段。

生态经济损失核算框架如图 3-3 所示。从横向上看，则为生态环境损毁补偿的逻辑框架，即通过人类生产活动获得巨大收益，生态环境和部分人类却遭到直接和间接的生态损失，尤其是作为最基本的劳动对象（土地）的丧失或损毁。因此，从公平合理和持续发展的视角判断，前者应该就后者由采矿负外部性造成的损毁进行补偿。与此同时，政府作为公众利益的代表和社会的管理者，应该在这一过程中起着一个杠杆和调控作用，让各方利益达到社会福利最大化的"帕累托"均衡状态。从纵向上看，补偿机制建立在福利经济学理论分析基础之上，即运用福利经济学原理，首先将人类活动对生态环境的负面影响划分为直接损失和间接损失两种。直接损失主要是指人类生产活动造成的对生态环境的直接损毁，如大气污染、水资源污染、土地挖损、压占、塌陷等，这种损毁是直接的，是根本的；而间接损失是指由于生态环境损坏带来的生态服务水平降低所造成的人类感受变差的效用损失，如大气污染导致的肺气肿、耕地塌陷引起情感郁闷等，这种损失属于精神损失[22]。

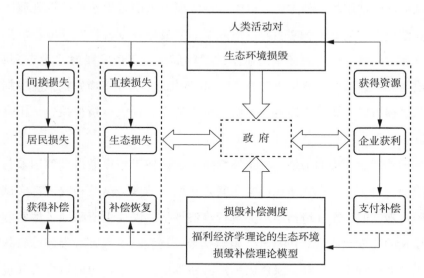

图 3-3　生态经济损失流程图

　　从不同的角度判读，生态补偿的研究内容也不相同，从成本构成角度来核算生态补偿标准时，应包含生态系统服务功能价值；从获利角度来核算生态补偿标准时，应包含生态价格与生态数量的确定；从受损角度来核算生态补偿标准时，应包含受损范围和生态经济损失的估算；从受偿意愿角度来核算生态补偿标准时，应包含自觉性及参与性；从生态足迹角度来核算生态补偿标准时，应包含相关重要参数确定等内容。

中国社会科学院环境与发展研究中心徐嵩龄（1997）提出，对生态环境损失的测度要分为四个步骤：第一，确定环境状况；第二，对环境破坏的实物进行测算；第三，将实物型损失货币化；第四，进行环境账户的栏目调整[23]。

3.3.3 生态补偿标准核算方法

依据目前的研究，生态补偿标准一般依据生态系统服务功能的价值，生态保护者的投入和机会成本的损失，生态受益者的获利，生态破坏的恢复成本、支付意愿和受偿意愿，生态足迹等进行核算。虽然目前对于这些方法的实用性仍然存在争议，但这些方法对于生态补偿机制的完善和生态补偿的具体实施来说仍为有益的探索[24]。确定生态补偿标准的方法很多，其中生态足迹法、碳平衡法、改进意愿调查法、生态经济计量是主要的方法。

3.3.3.1 生态足迹法

生态足迹主要代表一种需求范围。在实践中，由于人类生产必然要对资源产生需求，因此可通过计算其需求量，再根据本地区的资源实际供给量进行比较分析，从而对经济生产与生态环境之间的协调性程度、变化特征及其规律进行量化评价，以此来确定出生态补偿的额度标准。

由于每种补偿标准确定角度各有优缺点，因此在实践过程中，应根据因地制宜原则，考虑国家和地区的实际情况，尤其是地区经济发展水平及生态环境恶化情况，制定相应的补偿标准。同时还要从动态角度加以考虑，根据经济发展和生态建设的阶段性特点，对生态补偿标准予以适当调整，确保在公正、公平的基础上开展生态补偿建设工作。

生态足迹（Ecological Footprint）是指维系人类自身消费的各种资源所

需要的土地面积总和，即在一定研究区域内人口所需要的生产性土地和水域的面积，以及吸纳这些人口产生的废弃物所需要的土地面积之和。生态足迹的计算基础为：①人类可以确定自身消费的物质量；②这些物质量能折算成的生物生产性面积或生态生产性面积。生产性土地一般分成以下 6 种类型：化石能源地、耕地、林地、草地、建设用地和水域。

生态足迹是指用于生产区域人口消费的所有资源和吸纳区域生产的所有废弃物所需要的生物生产性土地总面积。根据研究设定，各类土地在空间上互斥即各类土地作用类型单一，不能同时发挥多种功能；可以确定区域内消耗的资源、能源和产生废弃物的数量，并可折算为生物生产性土地面积，生态足迹的计算就是把 6 种不同生产力的生物性生产面积加权求和而得。其计算公式为：

$$EF = N \times ef = N \times \sum \left(r_j \times \frac{c_j}{p_j} \right) \tag{3-1}$$

常用 EF 表示生态足迹，是指用于生产区域人口消费的所有资源和吸纳区域产生的所有废弃物所需要的生物生产性土地总面积。式（3-1）中，j 为消费商品的类别，p_j 为第 j 种消费商品的平均生产能力，c_j 为第 j 种商品的人均消费量，r_j 为均衡因子，N 为人口数，ef 为人均生态足迹。均衡因子（r_j）表示不同区域、不同类型土地潜在生产力之比。

生态承载力是区域所能提供资源利用率和能源消耗量的上限，以及区域所能提供的生物生产性面积的总和。由于各地区生物生产性土地的生态生产能力不同，所以需要用均衡因子加权后才能进行比较。用产量因子将区域生态承载力转化为世界平均产量下的生态承载力，便可在世界范围内进行比较，其计算公式为：

$$EC = N \times ec = N \times \sum \left(r_j \times a_j \times y_j \right) \tag{3-2}$$

其中 EC 表示生态承载力，是指区域所能提供给人类的生物生产性土地的面积总和；N 为人口数；r_j 为均衡因子；a_j 为人均生物生产面积；y_j 为产量因子；即某个国家或地区某类土地的平均生产力与世界同类土地的平均生产力的比率。

生态足迹和生态承载力之差可以用生态压力来表征，常用 EY 表示，以"自然—经济—社会"复合生态系统的容纳量作为参照点，反映人类活动对生态系统的干扰程度。生态补偿标准就是资源开发后每单位应有的生态补偿费用，其核算为生态压力乘以生态足迹效率，常用 DF 表示，单位是元。用 P_{ef} 表示生态足迹效率，是资源开发收益与生态足迹的比值，单位为元/公顷。

计算公式如下：

$$DF = EY \times P_{ef} = （EF - EC）\times P_{ef} \qquad （3-3）$$

$$P_{ef} = \frac{工业\ GDP}{EF} \qquad （3-4）$$

生态赤字用 ed 表示，是指人均生态足迹和人均生态承载力之差。计算公式为：

$$ed = ec - ef \qquad （3-5）$$

当人均生态承载力小于人均生态足迹，即 $ed > 0$ 时，出现人均生态赤字，表明生态环境已超载；当人均生态承载力大于人均生态足迹，即 $ed < 0$ 时，产生人均生态盈余，表明生态环境为盈余。

生态赤字大小代表了供给经济活动的生态基础的短缺程度，意味着生态系统对经济发展存在着制约作用；生态盈余代表生态容量足以支持经济活动负荷，意味着区域消费模式具有相对可持续性。

3.3.3.2　碳平衡法

碳平衡法是指将碳的排放和吸收两方面进行平衡的方法。碳排放者对一定阶段内无法消减或消除的自己产生的碳排放，通过产生或购买碳抵消额的形式，进行消除。人们或企业计算自己日常活动直接或间接制造的二氧化碳排放量，并计算抵消这些二氧化碳所需的经济成本，然后通过排放多少碳来决定抵消措施，以达到原排放的碳平衡。

碳平衡理论认为，"依据碳排放和碳吸收计算方法，利用碳交易市场机制，将碳排放作为一种稀缺资源，碳吸收能力作为一种收益手段，利用区域间碳排放和碳吸收量的差异，通过交换形式，形成合理的交易价格，使生态服务从无偿走向有偿"[25]。

碳排放是指 CO_2 气体成分从地球表面进入大气的过程，地面燃烧会向大气中排放 CO_2，大气中其他物质经化学转化也能排放 CO_2 气体成分[26]，主要包括建设用地（居民点及工矿用地、交通用地、水利设施用地）上能源消费造成的碳排放和农业耕作活动造成的碳排放两类。在低碳社会背景下，国内外能源消费碳排放量的估算方法主要有实测法、物料衡量法和排放系数法，也有采用模型法、生命周期法和综合决策树法等来估算碳排放量的。联合国政府间气候变化专门委员会（Intergovernmental Panel on Climate Change，IPCC）根据能源燃烧发热值、缺省（默认）碳含量以及默认氧化碳因子来估算碳排放。[27]此方法相对简单，易于操作，被广泛使用。

碳吸收是指从大气中清除温室气体、气溶胶或温室气体的任何过程、活动或机制（《联合国气候变化框架公约（1992）》）。当生态系统碳吸收量大于排放的碳量时，该系统就成为大气 CO_2 的碳汇[28]。碳汇主要包括林地、草地、耕地、园地等。[29]在柴达木煤炭开采区，主要是牧草地、林地和耕地具有碳吸收能力。本书在计算牧草地碳吸收时，选取草地的碳吸收系数、耕地碳吸收能力以及农作物生育期的碳吸收系数和经济系数。由于水域对 CO_2 的吸收和排放量大致相等，且柴达木煤炭开采区水域占比较小，则将水域的 CO_2 通量取值为 0。因此，林地和牧草地碳吸收的计算是样地实际测量结果统计出的不同类型生态系统中主要的平均碳吸收量，乘以不同类型生态系统面积得到的。

不同地区经济发展水平和生态资源占有量不同，即不同地区的产业结构、产业规模、城市生态保护和建设情况不同，通过对碳源以及生态固碳能力的分析，可以确定生态补偿标准。如区域生态固碳能力大于碳排放量，则该区域生态盈余，说明其在生态固碳过程中不仅吸收本地区碳排放，而且吸收附近地区碳排放，在低碳社会建设过程中显示了自身的区域生态价值，所以该地区应获得一定的生态补偿；反之则为生态赤字，应支付生态补偿费用。生态系统固碳能力，也即碳汇，碳汇主要表现为各类生态系统中的植被通过光合作用将空气中的 CO_2 转化为生物质而固定下来，部分埋藏在地下或以有机质的形式赋存在土壤中。能够固碳的植被主要分布于森林、耕地、园地、城市绿地等具有一定生态功能的土地中。碳源，即区域排放的温室气体换算为碳的量。计算一个地区温室气体的排放量，目前有两种思路：一种是计算生态系统内部所有温室气体排放源排放的温室气体量，不仅包括人类活动过程中温室气体的排放量，也包括自然系统中的排放量；另一种是计算人类活动中的温室气体排放量，如化石燃料燃烧、工业生产过程中温室气体排放量，目前联合国政府间气候变化专门委员会（IPCC）采用的就是此种方法。

3.3.3.3 改进意愿调查法

意愿调查法（Contingent Valuation Method，CVM）是在生态与资源环境经济学中用于评估公共物品价值的最广泛也最重要的研究方法之一。它是在模拟市场条件下，通过直接调查利益相关方对于改善某种环境效益或者保护资源措施的支付意愿，或者对损失环境或资源质量的接受赔偿的意愿，获得居民受偿意愿的方法。意愿调查法在 20 世纪 90 年代末开始引入国内，近年来发展十分迅速，应用到了包括森林、大气、水、医疗卫生多个领域在内的生态系统服务功能价值评价中。在受偿评估方面已经有不少案例，如对失地农民的受偿意愿调查、拆迁评估中的应用，取得了良好的效果。

改进意愿调查方法（Improved Contingent Valuation Method）是指通过直接与居民面对面的对话或填写问卷，了解居民对环境变化对人造成的损害并赔偿的意愿，从而，在制定补偿政策时充分考虑公众的意见，体现"公众参与"的思想。在调查受偿金额的同时，了解居民的基本信息和受偿意愿，对数据进行统计，建立模型进行分析，有利于测算受偿的空间范围及其影响因素。在当前还没有明确补偿标准的情况下，意愿调查法对于制定补偿标准有一定帮助。

CVM 通过设计一系列的问题来完成。因此，在正式调查前，必须充分对资源开采区的社会、经济和环境状况进行调查了解。在正式调查中，一份适用于资源开采区的调查问卷对于获取准确的受偿意愿信息有着至关重要的作用。另外，调查实施人员还必须要有一定的调查技巧。这就要求必须对传统的 CVM 进行细致的改进和设计。

CVM 在调查方法上属于结构式访谈，必须设计好完整、规则的调查问卷，然后按照设计好的流程展开调查。但在实际调查中不一定能够全面地获取和记录信息。为弥补结构式访谈的不足，可采用参与观察法与非结构式访谈法，以尽可能多地获取基础信息和数据。

预调查是 CVM 的必要组成部分，一直以来，因为其重要作用被应用于各类研究中。如在澳门噪声污染损害价值调查中，调查人员开展预调查后，对问卷的设计和提问方式进行了调整改进；在草原禁牧受偿调查中，采用预调查的方法确定项目区的自然条件和风俗习惯；在耕地非市场价值评估中，用于确定 CVM 关键技术等项目区的预调查。预调查主要有四个目的：①熟悉研究区域环境。在对项目区进行预调查的时候，走访当地政府，获取当地社会经济状况以及户籍资料，为调查抽样提供数据支持；走访煤炭开采单位，获取煤矿开采主要经济技术指标，如开采年限、年生产量、万亩塌陷率等；初步了解煤矿开采对周边居民的影响范围。②掌握资源开采区居民对于煤矿开采的外部负效应的认知程度。调查结果显示，几乎全部居民都能列举一定的煤矿开采的外部负效应；采用非结构式访谈法，与当地居民进行沟通交流，得知他们最为关心的是身心健康以及财产安全。③提炼专业语言使之通俗易懂。预调查时，设计一套实验性调查问卷，通过调查，纠正生涩、难懂、歧义的表达方式；对调查问卷中的问题顺序进行调整，推敲价值引导问题的最佳表达方式。④初步确定受偿意愿取值范围。在预调查的调查问卷中，将核心估值问题设计为开放式问题，通过对预调查的数据分析，确定正式调查中的初始投标值。

一般认为，受偿意愿存在评估结果比市场值高、支付意愿比估值低的缺陷。其实，在自由市场下，通过交易可形成市场价格。对于不能用市场方法确定的价值，运用 CVM 模拟市场，难以求得市场值，但通过理性的引导和博弈，形成的价格将接近理性值。

因此，通过改进 CVM 对受访者进行理性引导，可获得较为准确、客观的结果。这里，主要改进点是改进问卷设计和核心估值问题。

过于依赖被调查者的观点而不是以市场行为为依据是 CVM 的主要缺点，需要通过完善实施技术来减小偏差。因此，CVM 实施过程一个很重要的环节，应对调查问卷进行精心设计，问卷内容、形式等设计的好坏将直接决定调查的成败。通常调查问卷包括三部分内容：①被评估对象描述与调查背景资料；②被调查者的社会经济特征；③被调查者对评估对象的支付意愿。本书对意愿调查内容的设计采用分解模型的方法，避免了没有任何参照的随意答案。在进行问卷调查后，请被调查者回答对问卷内容的理解程度，有助于对问卷的有效性进行评估。用于煤资源开采区生态补偿的调查问卷不仅要符合 CVM 要求，而且还要准确结合资源开采区实际情况，以获取更多的有效信息，包括更多影响受偿意愿的因素及被调查者的基本信息等。首先，应该让被调查对象明确具体受到的影响，并建立起影响与成本之间的对应关系；其次，通过投标方法评估受偿意愿；最后，调查被调查者的社会经济特征。

在 CVM 的发展过程中，研究者注意到参与者对"是"或"不是"的回答比要他们直接说出最大支付意愿更能够模拟市场的定价行为，因此封闭两分式选择问题逐渐成为主流。美国的 NOAA 的 CVM 高级委员会将两分式选择问题格式推荐为 CVM 研究的优先调查格式。双边界的条件估值方法是在两分式条件估值问题结果的基础上，追问第二个问题，其报价的数量受参与者关于首次两分式问题的参与结果的影响。以 A 代表第一次投标的数量，如果参与者的反应为"不是"，则第二次投标的数量将高于 A，记为 A+；如果反应为"是"，第二次投标的数量将低于 A，记为 A-，则投标结果将会有四种情况，即：①是+是；②是+不是；③不是+是；④不是+不是。当出现第②、③种情况时，投标结果的范围（WTP 或 WTA，其中 WTP 是指受访者保护生态环境的最大支付意愿，WTA 是指受访者接受的最小赔偿意愿）分别是 A>WTP/WTA>A-、A<WTP/WTA<A+，但当出现第①、④种情况时，投标结果的范围将被扩大，即分别为 WTP/WTA<A-、WTP/WTA>A+。由于投标结果的范围较大，对于求取最终结果不利，因此，必须对第①、④种情况进行"问题追加"，让被调查者确认出较为明确的投标结果。从尊重投标者的角度出发，尽可能地让投标者表达意见，可以追加问题，直至给出认为合理的范围。

由于涉及切身利益，WTA 和 WTP 的调查结果偏高和偏低是必然的，因此，为了获取较为准确的受偿额度范围，一是构建多参数模型计算 WTA 和 WTP，而不直接询问受访者的接受和支付意愿；二是涉及与切身利益相关的问题，采取"开放式问题"与"双边界两分式问题"结合的形式，多次反复投标。在调查中，首先请受访者给出一个意愿值，如果接近预设投标值，则可以直接使用"双边界两分式问题"，被调查者被询问是否接受某一数额的受偿金额的补偿，回答"是"者，再追问一个更低的值，直至得到否定回答；回答"不是"者，追问一个更高的值，直至得到肯定回答。如果请受访者给出的意愿值远高于预设投标值，可以暗示受访者过高的意愿可能导致最终难以得到满足，从而不断降低其心理需求，接受预设投标值。若多次投标都回答"是"或都回答"不是"，则追加问题，请受访者给出认为合理的补偿范围，并通过追问一个更低的值直至逼近合理值。

3.3.3.4　生态经济计量

生态经济计量是指运用数学方法，对生态经济系统内物质与能量的各种运动进行计算。生态经济计量的内容包括自然资源的经济评价、资源利用的生态经济效益计算和生态经济预测。根据保护资源所允许的最大费用标准与开发资源所允许的最小效率标准，用相应的指标对包括工程项目、城市规划、区域规划和国民经济计划在内的资源开发与保护工作进行评价。自然资源经济评价是一个动态概念，各种资源的价值随着社会发展而变化。因此，经过一段时间后（如 10 年），需要重新修订自然资源的经济评价标准。先分别计算投入和产出，再用产出减去投入，求得净效益；或用产出除以投入求得投入产出比。净效益越大或投入产出比越高，说明生态经济效益越好。在计算时，还要考虑近期效益与远期效益的结合，以及生态效益与经济效益的统一等问题。不恰当的资源利用造成的生态经济损失可用实物量表示，也可用价值量表示。为了便于将不同的损失加以汇总，通常采用后一种方法。生态经济损失中包括明显的直接损失和隐蔽的间接损失，后者往往需要经过多年之后才能完全显示出来。计算某一系统的生态经济损失时，可以采取四种办法：①与情况相似的另一系统进行对照；②建立数理统计模型或系统仿真模型，找出每个因素与损失的关系；③由专家估计每一项损失，然后加总；④通过实验室试验，经过对比，计算出损失值。借助于生态经济系统历史和现状分析，求得对其未来的了解，以减少管理生态经济系统的盲目性。重点在于说明各主要因素变化的方向、速度及其不同组合对于整个系统的影响大小，为决策提供信息，减少不确定因素的影响。全面的预测应包括对系统环境的预测、对系统结构的预测、对效益和损失的预测等。生态经济预测的成效一方面取决于理论的科学性和资料的可靠性，另一方面取决于预测人员的专业素养和分析判断能力。生态经济计量通常应用于制订生态经济系统的发展计划，确定调整系统结构的政策措施和经济措施，并预计其生态经济后果。在现代生态经济系统日趋复杂的情况下，一般是利用大型计算机进行反复模拟和计算。计算的方法通常是：建立反映生态经济综合效益的目标函数，建立反映环境对系统各种约束条件的方程式及反映系统内各主要变量间关系的函数式，通过直接求出目标函数极值或若干方案对比的方法，得到优化方案，并在此基础上制定整个系统的规划。

　　生态经济计量的常用方法有：投入产出法、控制论方法、运筹方法、计量经济方法、系统动态分析及其他系统仿真方法、统计分析方法等。

3.4 区域生态补偿管理

　　近年的经验表明，国家没有统一的生态补偿管理部门，各类生态建设工程都是由相关部门牵头管理，会导致林业、农业、水利、环保、国土等分头建设，分散了有限的人力、物力和财政资源。比如涉水这一块，地表水的开发利用管理职能归水利部，地下水管理职能归原地质矿产部，海水管理职能归国家海洋局，水污染防治归原国家环保总局，城市和工业用水管理职能归原建设部和各有关工业部门，农林牧渔业供水管理职能归农业农村部及国家林业和草原局，造成"九龙治水"的局面。由于国家的生态补偿工作缺乏整体性和协调性，使民族地区生态补偿没有统一的计划和规划，各地方常常是就眼前和局部问题争取项目和资金，使生态补偿的生态恢复效果并不明显。

　　政府生态补偿管理职能分散在许多部门，缺乏强有力的、统一的生态补偿管理体制，部门之间没有明确的分工，管理职责相互交叉，在资金投入、整治项目和监督管理方面难以形成合力，资金使用严重不到位。现有的生态补偿普遍带有较强烈的部门色彩，生态管理部门多元化，没有统一的政策框架和实施规划。区域生态补偿管理其本质上是一个生态要素市场化的进程，这不仅要求合理配置生态资源，而且要使生态要素在更大范围内自由流动[30]。布坎南等公共选择理论家认为，利益集团寻租的根源在于政府职能的扩张，社会既可以通过市场无形之手配置生态资源，也可以通过政府有形之手配置资源。政府应当在生态要素的市场化进程中起"助推器"作用，而不是依赖其行政权力人为设置障碍。由此，政府治理革新是区域生态补偿合作的必然选择。

　　我国的资源开发与保护，以及生态环境的维护涉及多个行政部门，不同部门在生态保护与维护资源可持续利用方面具有各自的职责。因此，在实际工作中常常是以部门的生态保护责任为目的进行相应的政策设计，并以国家有关法律法规的形式将其固化。但是近年来的实践证明，受部门分割和利益导向的影响，相关管理部门中产生了严重的部门利益化和利益部门化倾向，突出表现为各部门争夺项目和资金，生态补偿很大程度上成为一种部门补偿。上级部门争取国家资金，补偿的受体是对应的下级部门，资金由部门内部控制，形成了一个以部门为中心的利益圈。在这样的运作模式下，生态补偿关注的焦点不再是对生态环境的治理和利益相关者损失的补偿，而是部门内部利益的分配，生态补偿也就失去了应有的对受损者进行补偿的意义。部门分割的管理方式不利于国家从保护生态环境的全局高度进行制度安排和政策设计，它阻碍了国家资源的整合，对生态补偿的顺利进行造成不利影响。

3.5　本章小结

生态补偿标准化与生态补偿标准是两个不同的研究范畴，应该说生态补偿标准是隶属于生态补偿标准化的。通过生态补偿标准化的研究，能够使生态补偿的实施过程更加系统可行，因此，生态补偿标准化是一项系统工程，本章从系统论、生态经济学和管理学的角度阐述了区域生态补偿标准化的一般性内容。

本章的内容为框架构建和设计，内容基础而重要。区域生态补偿标准化研究有其必要性和可行性，由于对区域生态补偿的研究历时多年，形成的制度、政策、手段等在各省区、各行业都不尽相同，有的甚至大相径庭，因此要求生态补偿形成体系，有一套完整的标准化系统，而生态补偿政策和制度具有一定的同一性，可以建成统一模式。因此，本章就有没有必要研究区域生态补偿标准化系统，区域生态补偿标准化系统应该包含哪些内容等问题进行了阐述，然后讨论区域生态补偿标准化系统的构成。生态补偿作为一种环境管理模式，要想在整体上对全社会的生产活动进行宏观调节，对生态破坏、环境污染及生态功能的恢复与治理进行系统管理，需要从补偿制度法制化、补偿主体行政化、补偿手段市场化、补偿标准科学化、补偿方式多样化、补偿管理规范化六个方面入手，构建生态补偿的框架。本章还对区域生态补偿标准化包含的内容进行了详细的描述，包括：补偿主体行政化，制定生态补偿核算技术方法指南，制定生态补偿区划标准，研究制定生态补偿评价体系等内容。对区域生态补偿标准化研究的侧重点——生态补偿标准核算，本章进行了详细的阐述。从区域生态补偿标准的确定依据，到区域生态补偿标准核算内容，再到生态补偿核算具体方法，如生态足迹法、碳平衡法、意愿调查法和生态经济计量等，都进行了详细的梳理。作为区域生态补偿的保障性工作，区域生态补偿管理包括补偿后的所有工作，如绩效评价、动态补偿等内容。

4

柴达木地区生态补偿
标准化系统构建

　　柴达木盆地因其丰富的自然资源，尤其是矿产资源，被誉为青海的"聚宝盆"。它既是青海省矿产资源的富集区，也是资源开发的重点地区；既是青海省重要的新兴工业基地，也是全国首个国家级循环经济实验区。柴达木循环经济试验区的确立，为青海的优势资源转换带来了一次重要的历史机遇。但该地区既是少数民族聚居区，又是生态脆弱区；既是经济社会发展相对落后区，又是自然资源富集区。无节制的矿产资源开发和利用，将会导致该地区矿产资源的枯竭，生物多样性减少和濒危物种消失，恶化生态环境，严重阻碍社会经济可持续发展和区域生态安全。同时，由于矿产资源是人类社会赖以生存和发展的自然基础，对矿产资源的开发必然影响该地区人们的经济利益。自国家西部大开发战略实施以来，一方面极大地推动了当地经济社会的发展，但与东部发达地区的差距仍在不断扩大；另一方面西部大开发战略为开发当地丰富的矿产资源引入了大量资金、技术和先进的管理经验，但付出了巨大的资源与生态环境代价。这些矛盾的存在，既不利于资源、环境的可持续发展，又不利于该地区民族的团结和社会稳定。因此，必须建立矿产资源开发补偿机制，解决利益分配的问题，维护区域之间、行业之间的公平，促进柴达木地区经济的可持续发展。

　　本章从研究柴达木地区社会经济发展现状、资源状况以及生态服务价值量出发，指出该区生态补偿标准化研究的必要性，然后构建柴达木地区生态补偿标准化体系，开展针对矿产资源开发领域的生态补偿标准化系统的子系统研究。资源开采区是指由于矿产资源开采加工行为所形成的持续具有共同经济特性、社会功能和环境属性的经济地理区域。在其形成和发展过程中，资源开采区作为重要的能源和原材料供应基地，为国民经济和社会发展作出了巨大贡献，带动和支持了本地区经济和社会的发展。然而，资源开采区传统生产模式是"资源开发—产品生产—废弃物排放"的单向线性模式。在这种"大量生产、大量消费、大量废弃"的模式下，资源开采区经济总量确实得到了迅速提高，但同时也带来了大量宝贵资源的严重浪费以及由于对资源开采区生态环境管理不当而产生的环境污染和破坏问题[31]。

4.1　柴达木地区社会经济发展现状

柴达木地区地域广袤，以戈壁沙漠为主，因此矿产资源丰富，是一个典型的资源型地区。柴达木地区主体为举世闻名的柴达木盆地，位于青藏高原北部、青海省西北部。该地区地处青海、甘肃、新疆、西藏四省区交汇的中心地带，是西北地区重要的战略通道和对外开放门户，古丝绸之路的辅线。此外，作为国家西北、西南路网骨架中的重要交通枢纽，柴达木地区是连接西藏、新疆、甘肃的重要战略支撑点。

柴达木地区有干旱荒漠区和盆地四周高寒区两个气候特征截然不同的气候区。由于柴达木地区属于典型高寒大陆性荒漠气候区，寒冷、干燥、日照时间长、太阳辐射强、多风，这些特征都决定了该区域生态环境的脆弱性和敏感性。干旱荒漠区降水稀少，气候干燥，相对湿度低，水气含量少，大气透明度好，日照时间长，太阳辐射强烈，气温相对较高。据统计，盆地年平均气温在1摄氏度以上，中部察尔汗可达5.2摄氏度。盆地东部年降水量200毫米左右，年蒸发量2000毫米，相对湿度40%左右；盆地中部年降水量为50毫米；盆地西部年降水量小于20毫米，年蒸发量达3000毫米。盆地内各地年平均日照时数为3000小时以上，日照百分率为80%，全年太阳总辐射量均大于6800兆焦/平方米，冷湖则高达7411兆焦/平方米；无霜期87~131天。盆地四周高寒区地势高峻、气候寒冷，海拔在3560~6860米之间，年均气温在0摄氏度以下的时间长达6个月以上，最暖月（7月）平均气温为 5.6～10.4 摄氏度。因海拔较高，空气干洁稀薄，日照时间较长，太阳辐射较强。除山谷地带外，年日照数均在 2700 小时以上，年太阳辐射量在 2520 兆焦/平方米以上。

在行政区划上，柴达木地区隶属于青海省海西蒙古族藏族自治州，区内地广人稀，有两个中心城市，德令哈市和格尔木市。海西州的面积为 32.6 万平方千米，柴达木地区面积为 24.5 万平方千米，占海西州行政辖区总面积的 75.15%。截止到 2018 年底，柴达木地区总人口约为 51.56 万人，区内地广人稀，不适宜人类生活。2018 年该区生产总值为 625.27 亿元，其中第一产业为 33.36 亿元，第二产业为 428.4 亿元，第三产业为 163.51 亿元。"二三一"的产业结构说明了该地区工业的重要性，也说明了该区域矿产资源开发的力度较大。2018 年全区财政一般预算收入为 142.55 亿元，其中地方一般预算收入完成 54.48 亿元，城镇居民人均可支配收入达到 32718 元；农牧民人均纯收入达到 18624 元。如图 4-1 所示为柴达木地区重要年份地区生产总值和工业总产值趋势图。

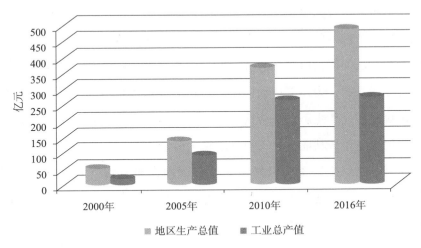

图 4-1　柴达木地区重要年份地区生产总值和工业总产值趋势图

2016 年，柴达木地区工业总产值为 271.2 亿元，2018 年，这个数字达到 397.1 亿元。从工业总产值占地区生产总值的比例可以看出，工业是柴达木地区经济发展的主导力量，但 2014 年起工业产值占比有所下降（表 4-1）。

表 4-1　柴达木地区主要经济指标情况　　　　　单位：亿元

指标名称	2000 年	2005 年	2010 年	2016 年	2017 年	2018 年
地区生产总值	109	246	365.5	487	526.19	625.27
第一产业	3.14	4.47	10.28	28.1	29.46	33.36
第二产业	33.28	100.12	288.97	326.7	349.66	428.4
其中：工业	17.7	90.13	260.03	271.2	384.5	397.1
第三产业	15.8	29.75	66.24	132.2	147.07	163.51
全社会固定资产投资	28.24	72.06	230.35	560	700.17	786.44
全地区一般预算收入	5.53	20.15	90.06	104.2	134.19	142.55
地方一般预算收入	2.19	6.16	34.49	45.2	50.12	54.48

数据来源：海西州统计局统计公告。

4.2　柴达木地区资源状况

本书将资源分为生物资源和非生物资源两类。生物资源包括经济生产和人类生存依赖的原材料，为人类生存提供生活环境的生态服务以及使人类免予为自己的废物所窒息的吸收能力。有三类生物资源值得关注，第一类是可更新资源，为经济活动提供原材料的生态系统结构要素。第二类是生态系统服务，指生态系统结构单元间相互作用产生的新现象，是对人类有价值的生态系统功能。第三类是废物吸收能力，它与其他的生态系统服务有明显区别。生物资源以外的其他资源称为非生物资源。由于化石燃料、矿物、水、土地和太阳能五种资源与生物资源存在很大差异，因此把它们归为一类，称为非生物资源①。

———————————

① 生物资源与非生物资源之间最重要的差别是：生物资源既是存量—流量资源，也是资本—服务资源，它们是自我更新的，其更新能力受人类活动的影响。非生物资源是指不可更新资源，或是其他不容易被破坏的资源。

4.2.1 柴达木地区的生物资源

柴达木地区生物资源主要有高原特色农牧业资源、中藏药资源等。农牧业资源主要包括青稞、小麦、菜油、蚕豆、豌豆、马铃薯等农作物品种，以及牦牛、高原毛肉兼用半细毛羊、柴达木山羊、柴达木黄牛及藏系绵羊等家畜品种。中藏药资源主要包括药用植物、药用动物及药用矿物三种。药用植物主要是引种栽培及人工饲养的，有枸杞、甘草、罗布麻、菊芋、黄芪、白刺、锁阳、秦艽、大黄、红景天、羌活、沙棘等；药用动物主要有雄鹿、白唇鹿、黄牛等；药用矿物主要有绿松石、锌、珍珠和玛瑙等。

柴达木盆地地形复杂多样，峻山、丘陵、盆地、河谷、湖泊交叉分布，自然环境独特，加之人口稀少，为野生动物的生息繁衍创造了良好的条件。柴达木盆地也是青海省野生动物重点保护区之一，有96种野生动物，其中属国家一、二级重点保护的动物有30余种，主要的水禽有黑颈鹤、天鹅、斑头雁、赤麻鸭、鱼鸥、鹭鹚等；哺乳动物有野骆驼、野牦牛、野驴、藏羚羊、白唇鹿、马鹿、盘羊、岩羊、藏原羚、鹅喉羚等珍稀野生动物。此外，祁连山和昆仑山区还有雪豹、猞猁等，野禽有石鸡、雪鸡等。

由于自然条件特殊，柴达木地区植被类型多样，以草甸植被为主，其次为荒漠植被和草原植被，森林植被很少，森林覆盖率仅为2.1%。在国家的支持下，柴达木地区着力加强林业建设，大力推进"三北"防护林、退耕还林、野生动植物保护和自然保护区建设等工程，有效提高了生态系统的防护能力和生产能力；土地沙化得到有效治理，城镇风沙危害得到初步遏制，沙化土地开始以每年2.7%的速率逆转；局部地区的生态环境得到改善，提高了土地生产力和人口承载力。

柴达木地区现有林业用地面积18016.26平方千米，其中：林地面积为360.67平方千米，疏林地面积为403.73平方千米，灌木林地面积为

5830.53 平方千米，未成林造林地面积为 501.27 平方千米，宜林地面积为 10917 平方千米，苗圃地面积为 3.06 平方千米。柴达木地区森林覆盖率为 2.1%。根据生态区位和用途，全地区生态公益林界定面积为 17308 平方千米，占林业用地的 96%。柴达木地区的可更新资源存量—流量较匮乏。

4.2.2 柴达木地区的非生物资源

柴达木地区非生物资源比较富集，化石燃料主要包括煤炭资源、石油资源等；矿物资源主要有盐湖资源、金属矿产、石棉资源等。

柴达木地区探明石油地质储量为 4.08 亿吨，其中累计探明地质储量为 2.89 亿吨，可采储量为 3443.1 万吨，居全国第 13 位。区内煤炭资源主要分布在祁连山、柴北缘两大含煤区，由西到东主要分布在鱼卡资源开采区、绿草山大煤沟资源开采区（主要为优质动力煤——长烟煤和不粘煤），以及木里煤田聚乎更矿区、江仓矿区（主要为优质焦煤），探明和保有煤炭资源储量为 51.5 亿吨，占全青海省保有资源储量的 86%，其中保有基础储量为 19.5 亿吨，占全青海省保有基础储量的 72.86%。

柴达木地区的矿物资源丰富，已发现各类矿产 86 种，探明储量的矿产 57 种。矿物资源潜在经济价值达 16.27 万亿元，以盐湖矿产和金属矿产最为富集。柴达木累计探明铁矿资源储量为 2.9 亿吨，远景储量为 5 亿吨以上，主要分布在东昆仑山北坡的都兰、格尔木地区。柴达木地区以昆仑山、柴北缘成矿带为主的有色及贵金属矿产，已探明和保有黄金资源量为 100 吨，铅锌资源量为 150 万吨，铜资源量为 50 万吨，钼资源量为 5 万吨。

中国是一个多盐湖国家，盐湖有着悠久的历史和发展。中国的盐湖从南到北沿北纬 28 度~52 区扩展，依据中国地质构造地貌条件和组成特征，分为 4 个盐湖区，分别为青藏高原盐湖区、西北部盐湖区、东（中）北部盐湖区、东部分散盐湖区。隶属于青藏高原的青藏高原盐湖区俗称中国地貌最高的"第一台阶"。中国盐湖类型及分类见表 4-2。

表 4-2　中国盐湖类型及其分布

盐湖区	钾镁盐湖		特种盐湖		普通盐湖		硝酸盐—石盐湖		合计	
	个数（个）	比率（%）	个数（个）	比率（%）	个数（个）	比率（%）	个数（个）	比率（%）	个数（个）	比率（%）
青藏高原盐湖区	6	50	80	93	248	29.1	0	0	334	34.8
西北部盐湖区	4	33.3	2	2.3	237	27.8	8	100	251	26.2
东（中）北部盐湖区	2	16.6	4	4.7	303	35.6	0	0	309	32.3
东部分散盐湖区	0	0	0	0	64	7.5	0	0	64	6.7
合计	12		86		852		8		958	

数据来源：中国盐湖科学研究院官网。

青海的盐湖矿产资源种类丰富，盐类储量巨大，多分布于柴达木盆地，柴达木素有"盐的世界"之称，已探明的保有盐湖资源储量：氯化钾 7.06 亿吨、镁盐 56.5 亿吨、氯化钠 3317 亿吨、芒硝 69 亿吨、锂矿 1890 万吨、锶矿 1928 万吨，其中氯化钾、氯化镁、氯化锂等储量占全国已探明储量的 90% 以上。柴达木地区盐湖类型齐全，成分复杂，以盛产钾镁盐湖的柴达木盆地察尔汗盐湖（海拔 2650 米）和富硼、锂的扎布耶盐湖而闻名；西北部盐湖区位于青藏高原盐湖区北面，气候极为干旱，夏季温度很高，在一个稳定的地质构造区，以产普通盐湖为主；东（中）北部盐湖地区包括内蒙古呼伦贝尔盆地东北部（海拔 200~500 米），鄂尔多斯高原（海拔 1000~1500 米）和内蒙古高原（海拔 1000~2000 米），面积较小，以产天然碱、石盐和芒硝的普通盐湖为主；东部分散盐湖区均为普通盐湖，分布于东北部温带亚潮湿区和高原亚寒带山间牛轭湖，右至中原和沿海发达地区，盐湖资源开发和环境得到较好的保护。柴达木地区盐湖矿产资源储量丰富（表 4-3），其中钾盐储量占全国现有储量的 97%；这些盐类储量除硼酸盐外均居于全国首位，其中察尔汗盐湖是钾镁盐富集区。

表 4-3　柴达木地区盐湖矿产资源储量统计汇总表

序号	矿产名称	矿区数（个）	保有资源储量			
			储量	基础储量	资源量	资源储量
1	盐矿（固体 NaCl）（千吨）	25	2392009	141925738	183107798	325033536
2	钾盐（液体 KCl）（千吨）	23	114869	236106	377007	613113

续表

序号	矿产名称	矿区数（个）	保有资源储量			
			储量	基础储量	资源量	资源储量
3	镁盐（液体 $MgCl_2$）（千吨）	21	787640	1798467	2149425	3947892
4	盐矿（液体 $NaCl$）（千吨）	21	638940	5265672	3809579	9075251
5	镁盐（液体 $MgSO_4$）（千吨）	14	57196	1219786	385941	1605727
6	钾盐（固体 KCl）（千吨）	10	1487	8999	80373	89372
7	锂矿（$LiCl$）（吨）	10	4204359	7468605	10463004	17931609
8	硼矿（液体）（吨）	9	2485	4498	5871.7	10369.7
9	芒硝（Na_2SO_4）（千吨）	8	90807	5328937	1582501	6911438
10	镁盐（固体 $MgCl_2$）（千吨）	6	1333	2447	64138	66585
11	硼矿（固体）（吨）	6	2030	3523.6	2030	5553.6
12	锶矿（天青石）（千吨）	4	14927778	17586531	9041816	26628347
13	溴矿（吨）	3	0	5892	246293	252185
14	碘矿（液体）（吨）	2	0	0	12815	12815
15	天然碱（Na_2CO_3）（千吨）	2	0	0	204	204
16	镁盐（固体 $MgSO_4$）（千吨）	1	0	21536	5066	26602
17	铷矿（液体 $Rb20$）（吨）	1	0	0	39191	39191
18	天然碱（$NaHCO_3$）（千吨）	1	0	0	278	278

察尔汗盐湖的面积为 5856 平方千米，位于柴达木盆地腹地中东部地区，东西距离长 204 千米，南北距离宽为 20~40 千米，隶属于青海省格尔木市行政管辖，平均海拔高度 2677~2680 米。由于盐湖属于高原地区，气候多表现为干燥、多风、高寒，年平均蒸发量达 3500 毫米，年降雨量仅 24 毫米，平均气温 5.1 摄氏度，年平均日照时数 3130 小时，已确定是我国最大的钾盐矿床，并且察尔汗盐湖的食盐总储量为 600 亿吨，初步开采价值超过 12 万亿元，C+D 级储量镁盐 16.5 亿吨、钾盐 1.5 亿吨、钠盐 426.2 亿吨、锂盐 842 万吨（表 4-4）。

表 4-4　青海盐湖资源储量

资源种类	食盐 （亿吨）	芒硝 （亿吨）	镁盐 （亿吨）	钾盐 （亿吨）	锂盐 （万吨）	锶盐 （万吨）	钠盐 （亿吨）	合计 （亿吨）
青海盐湖	2000	64	25	4	1400	1592	NA	2093.2
察尔汗盐湖	600	NA	16.5	1.5	842	NA	426.2	1042.8

数据来源：青海盐湖集团官网。

长期以来，察尔汗盐湖保持着以沉降为主的地质发展形态，盐湖地表大量沉积有石盐、钾镁矿盐、钾石盐，并直接露出地表。由于察尔汗盐湖属于现代水源补给的盐湖，且接受发源于赛什腾山、昆仑山等河流的补给，所以该盐湖具有周期调节性、资源的可再生性和物质来源丰富等特点，同时成为可供淡水的水源。另外，这些矿床形成盐的时期较短，所以矿层松散埋藏比较浅，卤水矿水量丰富，而且察尔汗盐湖的晶间卤水可以经日晒析出纯度高的钾石盐和光卤石。察尔汗盐湖各组分均以卤水中离子状态和可溶盐状态赋存，矿层一般较浅或裸露地表，这些特点决定了盆地盐湖资源具有适合开发利用，容易开采的特点。

4.2.3　柴达木地区的自然资源

本节从柴达木地区水资源、土地资源和太阳能资源方面分析柴达木地区的自然资源情况。

（1）水资源。

柴达木地区水资源总量为 52.7 亿立方米，按照全国及流域水资源综合规划，年可利用量为 19 亿立方米，实际已开发利用水资源量 5.5 亿立方米，剩余可利用水资源量为 13.5 亿立方米。

（2）土地资源。

柴达木盆地土地面积约为 25 万平方千米，海西州行政区面积为 32.5 万平方千米。柴达木地区绿地面积占比较小，多是荒漠和戈壁。海西州行政区数据显示，目前柴达木地区可利用土地面积为 30854.48 平方千米。

可利用土地面积中，耕地为437.03平方千米，占0.15%；园地为40.63平方千米，占0.01%；林地为9030.12平方千米，占3.00%；草地为110519.57平方千米，占0.34%；城镇村及工矿用地1035.80平方千米，占0.34%；交通运输用地为256.00平方千米，占0.09%；水域及水利设施用地为10768.76平方千米，占3.58%；其他土地面积为168766.58平方千米，占56.10%（表4-5）。

表4-5　柴达木地区土地利用情况　　　　　　单位：平方千米

指标	年末面积	指标	年末面积
耕地	437.03	交通运输用地：	256.00
园地：	40.63	铁路	48.77
果园	0.06	公路	129.32
其他园地	40.57	农村道路	62.38
林地：	9030.12	机场	8.40
有林地	600.15	管道运输	7.12
灌木林地	7593.38	水域及水利设施用地：	10768.76
其他林地	836.59	河流水面	464.44
草地：	110519.57	湖泊水面	4068.10
天然牧草地	100451.11	内陆滩涂	3260.25
其他草地	9989.01	冰川及永久积雪	2893.35
人工牧草地	79.45	水库水面	6.14
城镇村及工矿用地：	1035.80	水工建筑用地	1.34
城市	69.80	其他土地：	168766.58
建制镇	60.28	盐碱地	39929.67
村庄	76.27	沼泽地	1714.07
采矿用地	824.86	沙地	39408.28
风景名胜及特殊用地	4.59	裸地	87708.56

表4-5表明，柴达木地区耕地437.03平方千米全部为水浇地；园地

中，果园用地 0.06 平方千米，其他园地 40.57 平方千米；林地中，有林地 600.15 平方千米，灌木林地 7593.38 平方千米，其他林地 836.59 平方千米；草地中，天然牧草地 100451.11 平方千米，其他草地 9989.01 平方千米，人工牧草地 79.45 平方千米；城镇村及工矿用地中，城市用地 69.80 平方千米，建制镇用地 60.28 平方千米，村庄用地 76.27 平方千米，采矿用地 824.86 平方千米，风景名胜及特殊用地 4.59 平方千米；交通运输用地中，铁路 48.77 平方千米，公路 129.32 平方千米，农村道路 62.38 平方千米，机场 8.40 平方千米，管道运输 7.12 平方千米；水域及水利设施用地中，河流水面 464.44 平方千米，湖泊水面 4068.10 平方千米，内陆滩涂 3260.25 平方千米，冰川及永久积雪 2893.35 平方千米，水库水面 6.14 平方千米，水工建筑用地 1.34 平方千米；其他土地中，盐碱地 3.99 万平方千米，沼泽地 1714.07 平方千米，沙地 39408.28 平方千米，裸地 87708.56 平方千米。由于柴达木地区内广布大面积的盐土、盐沼、沙砾戈壁，可利用荒漠土地，不占耕地、基本农田和草场发展产业，为柴达木地区的循环经济发展提供良好的土地资源支撑。

（3）太阳能资源。

柴达木地区风能资源丰富，尚无一定规模的利用。盆地内年平均风速因受地形影响，加之海拔高度不同而不同。盆地内平均风速为 3~4 米/秒，6 级以上大风天平均为 12~168 天，其中沱沱河最多达 249 天；天峻、冷湖、茫崖、茶卡等地最多为 142~186 天；3~5 月大风天数有 25~29 天的最高纪录。

盆地内太阳辐射较强，日照天数多，光能丰富，只有小规模的利用。柴达木盆地年平均日照在 3000 小时以上，盆地西部达 3200 小时以上，山地达 2900 小时以上。日照时数最长是五月份，最短的是十二月至次年一月，日照百分率除乌兰、香日德等少数地方因山体、树木遮挡减少外，其余地区均在 70% 以上，最高的冷湖达 74%。山地日照百分率为 66%~69%。太阳总辐射量为（628.9 千卡~672 千卡）/平方厘米。盆地日均（2.52 千卡~2.72 千卡）/平方厘米，山地日均（2.2 千卡~2.3 千卡）/平方厘米。

4.3 柴达木地区生态服务功能价值

研究柴达木地区生态补偿标准化就是研究自然资源开发利用生态补偿的统一性，而生态补偿标准的核算是生态补偿标准化的关键，也是难点。柴达木地区属于矿产资源开发区，其生态补偿标准的确定是对矿产资源开发造成的生态价值损益进行定量化的评价。一般运用直接法、影子分析法来进行生态价值损益核算，但这些方法都无法全面考虑生态系统的损害，因此本书选取当量因子法核算。

4.3.1 柴达木地区生态环境现状

本节从大气现状、水资源利用现状和固体废弃物处理现状三方面说明柴达木地区生态环境的现状。

目前，柴达木地区大气环境现状按照国家标准，环境空气质量执行《环境空气质量标准》（GB 3095—2012）中的二级标准限值。城区居住区、商业区为二类环境保护区，执行国家大气环境质量二级标准；工业区大气质量执行三级标准。

柴达木地区各类水域水质标准按《地面水环境质量标准》（GB 3838-2002）执行。主要监测断面监测结果表明，河流达到Ⅱ类水质标准，地下水水质较好，水环境质量达到相应水域功能水质要求。

柴达木地区剩余可利用水量为 13.5 亿立方米。从用水比例看，农田灌溉用水为 3.2492 亿立方米，占全州用水量的59%之多，远高于其他区域，表明灌溉区种植结构不合理，灌溉设施老化，灌溉技术落后；林草灌溉用水为 1.7016 亿立方米，占全州用水量的31%；工业用水为 0.3933 亿立方米，占全州用水量的7%；生活用水为 0.1628 亿立方米，占全州用水量的3%。农田灌溉用水量最大的地区是都兰县，林草灌溉用水量最大的是德令哈市，工业用水量最大的是格尔木市，生活用水量最大的是德令哈市（表4-6）。

表 4-6　2018 年柴达木分地区分行业用水量统计表　单位：亿立方米

地区	农田灌溉用水	林草灌溉用水	工业用水	生活用水	合计
格尔木市	0.888	0.51	0.162	0.0335	1.5935
德令哈市	0.7649	0.7299	0.085	0.0425	1.6223
乌兰县	0.378	0.084	0.0061	0.0169	0.485
都兰县	1.2041	0.2646	0.0139	0.0327	1.5153
天峻县	0	0.0042	0.0003	0.0235	0.028
大柴旦行委	0.0142	0.1077	0.0279	0.0028	0.1526
冷湖行委	0	0	0.0036	0.0013	0.0049
茫崖行委	0	0.0012	0.0945	0.0096	0.1053
全州	3.2492	1.7016	0.3933	0.1628	5.5069

　　柴达木地区垃圾、污水处理设施良好。柴达木地区各市、县、行委所在地建成生活垃圾填埋场工程；格尔木市建成日处理 5 万吨生活污水处理厂 1 座、污水排放管网 140 余千米，建成日处理 400 吨生活垃圾填埋场 1 座，乡镇、社区生活垃圾处理场 3 座，建设规模为日处理生活污水 2 万吨，排水管网 76.9 千米的 V 类小型污水处理厂、天峻县建成日处理 0.35 万立方米的污水处理厂，排水体制是截流式雨污合流制，经处理后，出水水质执行一级 A 标准，理论 COD 减排量 447 吨。

　　柴达木地区固体废弃物处理日渐规范。2014 年 9 月 26 日建成柴达木地区固废中心，项目总投资 1.27 亿元，位于格尔木市区东南约 7 千米的戈壁荒漠地带，西距昆仑经济技术开发区 4 千米，南距青藏公路（109 国道）850 米，占地面积 61 公顷。项目由危险固废（含一般工业固体 Ⅱ 类废弃物）安全填埋场、一般固废（工业 Ⅰ 类固体废弃物）集中贮存场及其附属工程组成。总库容设计为 390 万立方米，其中废渣安全填埋场库容为 330 万立方米，废渣集中堆存场库容为 60 万立方米。每年可处理固体废物 85.83 万吨，其中安全填埋的危险固体废物和无利用价值的 Ⅱ 类固体废物可达 54.55 万吨/年，集中贮存以便综合利用的 Ⅰ 类固体废物可达 31.28 万吨/年。

柴达木地区的生态保护工程是在国家和青海省设计的基础上执行的，全面实施"三北"防护林四期、公益林、退耕还林、退牧还草、天然草地保护、草原鼠虫害防治、封沙育林、野生动植物保护和自然保护区建设等重点工程，建成青海柴达木梭梭林、可鲁克湖托素湖、格尔木胡杨林3个省级自然保护区和乌兰县哈里哈图国家级森林公园。

4.3.2　生态价值当量因子表

柴达木地区生态价值量的核算，以1公顷全国平均产量的农田每年自然粮食产量的经济价值为基准值，对各生态系统生态价值进行权重赋值，也就是说把生态系统产生的生态服务贡献的潜在能力定义为生态价值当量。本书在借鉴 Costanza[32]、谢高地[33]以及牛路青[34]生态价值当量因子的基础上，通过专家调查法对当量因子进行修正，得到矿区生态价值当量因子表（表4-7）。

表4-7　矿产资源开发区生态价值当量因子表

生态价值当量	谢高地（2007）	谢高地（2002）	Costanza
草地	11.67	11.01	4.53
荒漠	1.39	0.40	0.00
农地	7.9	5.29	1.7
湿地	54.77	62.71	42.24
河流、湖泊	45.35	129.76	17.47
森林	28.12	26.01	17.95

4.3.3　柴达木地区生态价值量的计算

生态资源的经济价值与所研究区域的森林、草地、农田、湿地、河流、湖泊、荒漠等生态系统的规模直接相关，相关学者也在其研究成果中阐述得很详尽。为计算矿产资源生态价值，本书通过统计年鉴等资料获得柴达木地区矿产资源开发区的林地面积、草地面积、农田（农用地）面积、湿地面积、荒漠面积（沙化土地）以及河流和湖泊等基础数据。生态价值量是生态系统面积、单位农田面积生态系统经济价值及该生态系统对应的生态价值当量的函数，即：

$$H_i = EA_i \times \sum Q_j S_j \qquad (4-1)$$

式中，S_j 为第 j 中生态系统面积；Q_j 为第 j 种生态系统对应的生态价值当量；j 为某一生态系统，即森林、草地、农田（农用地）、湿地、荒漠（沙化土地）以及河流和湖泊，i 表示某一区域。

根据 Costanza 的研究，1 个生态服务价值当量因子的经济价值量为 54 美元/公顷，用中国粮食生产平均单位面积总收益、单位面积总投入（包括劳动、化肥、机械和其他 4 项）计算获得土地用于粮食生产的影子地租，依此计算 2007 年中国 1 个生态服务功能价值当量因子的经济价值量为 449.1 元/公顷，根据可比价格计算出中国 2018 年 1 个生态服务功能价值当量因子的经济价值量为 784.3 元/公顷[35]。

通过式（4-1）计算柴达木地区各市、县、行委的生态经济价值及其占 GDP 的比例，结果见表 4-8，这是对区域生态价值当量的货币化、价值化的结果。柴达木地区的生态价值当量合计为 23369.90，按每个当量 449.1 元计算，柴达木地区生态价值量为 1832.90 亿元。数据显示各区域的生态价值量存在一定的差异，最小值为 30.73 亿元（冷湖行委），最大值为 936.75 亿元（格尔木市），这与区域的生态资源本底密切相关。总体而言，柴达木地区的生态资源价值当量存在一定的地带性分异规律，东北部地区生态资源价值当量最大，中部地区次之，西部地区最小。

数据表明，柴达木地区生产总值只有生态价值量的 1/3 左右，所以以生态服务功能价值直接作为生态补偿标准，由于生态系统服务功能价值量巨大而导致实施困难重重。因此，生态系统服务功能价值往往用来作为生态补偿标准估算的价值基础[36]。各区域的生态补偿标准的大小应由其自身生态资源的经济价值、污染物的排放总量和用于污染物的经济投入决定，总体而言，生态资源大省为应获得生态补偿的大省，经济大省为应支出生态补偿的大省。

表 4-8　2018 年柴达木地区生态价值量及其占 GDP 的比例

地区	生态价值当量合计	生态价值量（亿元）	GDP（亿元）	占比（%）
柴达木地区	23369.90	1832.90	609.72	300.61
格尔木市	11943.78	936.75	318.89	293.75
德令哈市	2798.54	219.49	49.64	442.16
乌兰县	1214.50	95.25	30.36	313.75
都兰县	4726.96	370.74	27.57	1344.71
天峻县	2910.57	228.28	65.63	347.82
大柴旦行委	556.23	43.63	42.07	103.70
冷湖行委	391.84	30.73	11.58	265.39
茫崖行委	816.96	64.07	73.87	86.74

4.4　柴达木地区生态补偿标准化必要性

生态补偿是一种将环境外部效应内部化的经济手段，由生态服务功能价值付费和破坏生态行为的恢复性补偿费共同构成。区域生态补偿的目的就是通过制度创新实现区际生态公平，促进区域内生态资本的保值增值。目前已有不少学者开始应用生态学方法对柴达木地区的生态补偿进行耦合研究。这包括采用生态足迹法核算 2007—2011 年柴达木地区的土地承载力，指明该区域的生态平衡需要依赖外部的资源供给（赵玲，2013）；利用相关分析法和主成分回归法分析柴达木地区近十年的空气污染指数与各气象要素的关系，探讨未来各气象要素的可能变化及对柴达木地区空气质量的潜在影响（周兆媛，2014）；研究柴达木地区水资源供需平衡及其承载力（封志明，2006）等。纵观已有研究，均是针对某一具体生态领域的治理对策研究，缺乏符合区域政治经济规律、实践上具有可操作性的制度性宏观规划研究。

本节从区位因素、生态政府治理与合作的全局角度分析柴达木地区生态补偿的必要性，从生态补偿战略、生态补偿规划与具体实施细节入手，探讨生态补偿标准化的必要性。

4.4.1 区位的特殊性与生态系统的脆弱性

柴达木地区的生态补偿与小区域的生态循环相互交织，为此，应将柴达木地区作为整体，探讨整个区域的资源利用效率和生态经济互补性。格尔木市与德令哈市由于地广人稀，自产生物资源有限，多种生活资源均需要由外输入补充。同时，柴达木地区的能源结构以煤为主，加之近年城市机动车尾气污染和不断开工的建设项目，使得沙尘天气频发，环境污染日益加重。柴达木地区水资源短缺，地区分布也不均衡，河流入境量日渐减少，地下水位下降导致的漏斗范围还在逐年扩展。恶劣的生态环境倒逼柴达木地区发展模式的转变，亟待在区域生态补偿和生态保护方面开展外部合作，在资源禀赋、产业结构和社会进步方面保持均衡和可持续发展。

4.4.2 生态功能的一体性与"三江源"的合作性

柴达木地区作为"三江源"地理毗邻区，肩负着既要保护"三江源"生态又要发展本区域经济的双重重任。如何解决柴达木地区经济发展与生态环境保护之间的现实矛盾，实现对"三江源"的地缘生态保护，是该区域发展面临的突出问题。目前，青海省的发展主要依赖柴达木地区，其集中了全青海省50%以上的生产总值、85%的工业增加值和80%以上的地方财政收入。因此，关注柴达木地区与"三江源"地区的生态功能一体性建设，构建两区域的生态合作是未来柴达木发展的主线。

（1）柴达木地区的社会发展优势。

如前文所述，从资源条件看，柴达木地区矿产资源潜在经济价值占全省矿产资源总价值的95%。随着柴达木地区资源开发的区域和领域不断拓宽，资源的综合利用能力不断提高，优势特色工业体系正在形成，初步奠定了把柴达木地区建设成为国家重要的钾、钠、镁、锂、锶、硼等系列产品生产基地和国家主要的天然气化工初级产品生产基地的基础。柴达木地区优势特色产业的发展，促进了全省农村牧区富余劳动力转移，"三江源"生态移民得到妥善安置，并向非农领域和城镇转移提供了产业保障，三年累计新增直接就业岗位 2.5 万多个、安置生态移民 2200 多人，为促进农牧区社会稳定，扩大就业作出了巨大贡献。

（2）柴达木地区的经济总量优势。

围绕优势资源开发，目前柴达木地区创造了全省 48% 的工业增加值、40% 的地方财政收入。根据青海省发展要求，其未来将承担全省一半以上的经济发展总量，成为支撑全省实施"三江源"保护的主要经济来源，肩负加快带动全省区域经济发展，为"三江源"生态保护提供财源的重任。

青海省的 2 市 6 州 8 个地区，各地区经济发展水平不同，在表 4-9 中可以看出，西宁市、海西州、海东市、海南州和海北州的生产总值分别为 1286.41 亿元、625.27 亿元、451.5 亿元、156.18 亿元、83.53 亿元。其中西宁市的生产总值最大，其次为海西州。西宁市、海西州、海东市、海南州和海北州的第一产业产值分别为 46.08 亿元、33.36 亿元、63.3 亿元、38.77 亿元和 22.48 亿元，其中海东市第一产业产值最大。西宁市、海西州、海东市、海南州和海北州的第二产业产值分别为 467.99 亿元、428.4 亿元、197.4 亿元、71.51 亿元和 18.86 亿元。西宁市、海西州、海东市、海南州和海北州的第三产业产值分别为 772.34 亿元、163.51 亿元、190.8 亿元、47.9 亿元和 42.19 亿元；西宁市、海西州、海东市、海南州和海北州的地区人均生产总值分别为 54253.72 元、120568.84 元、30502.63 元、33210.16 元和 29380.94 元，其中海西州人均生产总值最大。因黄南州、果洛州、玉树州占比较小，三地区总的生产总值为 183.09 亿元，在此不予考虑。

表 4-9 2018 年青海省各地区生产总值情况

	2018 年生产总值（亿元）							人均生产总值（元）
		第一产业	第二产业	第三产业	农林牧渔业	工业	建筑业	
西宁市	1286.41	46.08	467.99	772.34	45.89	376.65	100.34	54253.72
海东市	451.5	63.3	197.4	190.8	61.8	132.68	64.72	30502.63
海北州	83.53	22.48	18.86	42.19	22.42	10	8.86	29380.94
黄南州	88.33	22.91	29.24	36.18	28.91	14.23	7.4	31911.13
海南州	156.18	38.77	71.51	47.9	39.21	55.3	16.2	33210.16
果洛州	41.45	7.42	14.29	2.01	9	4.04	10.25	19889.64
玉树州	53.61	30.61	7.56	15.44	32.21	0.83	6.73	12866.06
海西州	625.27	33.36	428.4	163.51	33.3	364.64	63.76	120568.84

近几年青海省工业生产总产值的数据（表 4-10）显示了柴达木地区的工业在青海省的重要程度。该区工业生产总产值不断增加，在 2013 年柴达木地区工业生产总值超过西宁市，在全省排第一。

表 4-10 近八年青海省各地区工业生产总值情况 单位：亿元

地区	2018	2017	2016	2015	2014	2013	2012	2011	合计
西宁市	467.99	453.8	479.39	443.17	438.88	440.75	377.2	356.28	3457.46
海西州	428.4	350	279.05	251.43	330.36	445.72	425.1	355.1	2865.16
海东市	197.4	153.6	142.48	133.72	138.63	137.85	107.8	76.51	1087.99
海南州	71.51	56.3	49.76	45.24	37.73	36.36	36.06	21.15	354.11
海北州	18.86	23.4	27.33	26.65	28.46	53.9	45.81	34.96	259.37
黄南州	29.24	17.8	13.77	15.3	12.54	17.26	16.3	12.75	134.96
果洛州	14.29	7.9	3.09	4.34	7.52	8.09	10.32	8.72	64.27
玉树州	7.56	3.24	0.82	0.7	0.53	0.48	0.47	0.46	14.26

根据图 4-2，可以清晰地看出玉树州、果洛州、黄南州、海南州、海北州、海东市、海西州和西宁市 2011—2018 年工业生产总值走势是依次上升的，其中玉树州为 14.26 亿元、果洛州为 64.27 亿元、黄南州为 134.96

亿元、海南州为 354.11 亿元、海北州为 259.37 亿元、海东市为 1087.99 亿元、海西州为 2865.16 亿元、西宁市为 3457.46 亿元，海西州近八年工业生产总值仅次于西宁市。

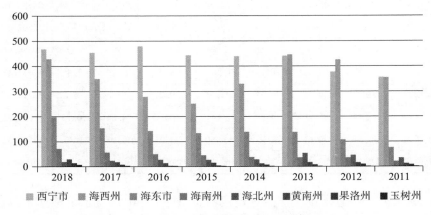

图 4-2　近八年青海省各地区工业生产总值示意图

4.4.3　现行补偿体系存在的问题

生态补偿是一项复杂的系统工程，现行的补偿体系存在补偿标准不明确或不合理，管理体制混乱，补偿金难以到位，受偿客体不明晰及补偿效果不明显等问题。为了保护柴达木地区生态环境，青海省政府从 2006 年起制定了一系列生态补偿方案，如《青海省原生矿产品生态补偿费征收使用管理暂行办法》等，目的是规范青海省特别是柴达木地区在矿产资源开发中的生态保护工作。环境资源的开发利用人或破坏人有义务对受损的环境进行恢复治理，这即是所谓的"开发者养护，污染者治理"原则的体现。对矿产资源开采企业而言，对矿区生态环境进行恢复治理是当然的义务。笔者在环保厅调研发现矿企的这一义务主要由"矿山生态环境恢复治理保证金制度"保证履行。《生态补偿条例（草案）》与既有的这一保证金制度之间存在重叠，这便加重了矿企的恢复治理负担[37]。

青海省人大及其常委会先后颁布了《青海省矿产资源管理条例》《青

海省资源综合利用条例》《青海省盐湖资源开发与保护条例》《青海省规范矿产资源勘查开发暂行规定》《关于矿产资源勘查开发用地管理有关问题的通知》《青海省地质环境保护办法》《青海省安全生产监督管理规定》等有关矿产资源利用与保护的地方性法规，并制定了《青海省规范矿产资源勘查开发暂行规定》《青海省矿山环境治理恢复保证金管理办法》《关于加快推行清洁生产的意见》等矿产资源与保护的规范性文件。尤其是《青海省矿产资源管理条例》《青海省资源综合利用条例》的颁布实施，标志着青海重要矿产资源开发利用有了法律保障，同时也对柴达木循环经济试验区矿产资源的开发和利用起到了规范作用。在政府规章方面，青海省人民政府于 1994 年颁布了《青海省矿产资源补偿费征收管理实施办法》，2000 年颁布了《青海省外商投资勘查开采矿产资源规定》《青海省矿产资源储量管理条例》等政策。同时，在 1998 年，青海省地质矿产厅发布了《关于贯彻〈矿产资源勘查区块登记管理办法〉的实施意见》，1995 年，青海省地质矿产局和青海省财政厅联合印发了《青海省矿产资源管理经费使用管理暂行办法》《青海省矿产资源开发保护专项费管理暂行办法》，2010 年 4 月，青海省下发《青海省人民政府关于创新地勘工作体制机制实现地质找矿新突破的若干意见》。这些地方政府规章的出台，根据青海实际切实保障了各部门对矿产资源的开发利用等的权利，而且规范了矿产资源的开发利用行为，在一定程度上促进了柴达木矿产资源的合理开发利用。在自治州单行条例方面，海西蒙古族藏族自治州和海北藏族自治州先后出台了《海西蒙古族藏族自治州矿产资源管理条例》《海北藏族自治州矿产资源管理条例》。省政府出台了《青海省柴达木循环经济试验区实施意见》《青海省柴达木循环经济试验区循环经济项目认定管理暂行办法》《青海省资源综合利用认定管理办法》《关于加快推行清洁生产的意见》等。2010 年 3 月国务院批复的《青海省柴达木循环经济试验区总体规划》对柴达木循环经济实验区的发展方向进行了明确的规定，对柴达木循环经济试验区的发展产生深远的影响。此外，《柴达木地区循环经济特色优势产业发展规划》《青海省二次资源利用规划》等经济规划的相继出台，也在一定程度上保证了矿产资源的合理开发利用[38]。但是，这些法律与规章制度还存在诸多不足，一是地方性的法规和政府规章制度对柴达木矿产资源保护不足。没有专门的关于矿业权流转制度的法律规定，虽然相关的规定散见于其他法律法规中，但法律责任规定不清晰，探矿权的法律规定不健全。二是对生态补偿的立法问题重视不够。由于柴达木循环经济试验区特殊的自然生态环境，矿产资源的生态补偿应当是矿产资源开发利用与保护的重点。但从地方性法规和政府规章的立法情况看，这方面却显不足。

由于生态补偿不仅包括主体矿产资源的开发者与使用者的补偿，客体矿区周边的生态环境及受到影响的居民的补偿，还包括矿产资源补偿的标准。目前国内还缺乏一个明确的补偿标准体系，浙江、江苏、安徽根据开采面积征收生态补偿费；陕西铜川煤矿向开采单位与个人按月征收生态补偿费；广西按照销售收入的 5%～7% 征收生态补偿费；云南、福建按照每吨矿石征收 0.3～0.5 元的生态补偿费，内蒙古则以每吨煤矿征收 0～45 元的生态补偿费。青海省生态补偿费实行从量计征，计征标准为焦煤每吨 75元、铁矿石每吨 5 元、铜矿石每吨 20 元、铅矿石每吨 65 元、锌矿石每吨 10 元、金矿石每吨 40 元①。补偿标准的确定是实施补偿的关键，如果没有补偿标准，补偿就没有可操作性。在补偿标准的方式上，国内学者做了一些探索。王金男提出通过核算与协商确定生态补偿标准的方法，其中核算是以计算生态环境治理成本与恢复成本，以及评估生态环境损失作为基础，确定生态补偿标准；协商则是通过利益相关者协商同意而确定生态补偿的标准。但这种方法只是理论上存在意义，在实践中，由于利益双方的博弈，缺乏统一的标准，生态补偿费难以有效实施。

资源的开发涉及众多的职能部门，各个部门有各自的一套有关生态补偿的规定、程序。例如排污费、排污权的交易由环保部门负责，土地使用

---

① 参见《青海省原生矿产品生态补偿费征收管理暂行办法》。

费、矿产资源的补偿费由职能产业部门征收，而资源税由税务部门负责。各个部门各自为政，难以集中管理，严重损害了矿产开发者的利益，使得矿产开发者为了获得更大的经济利润而陷入更加疯狂的开采中，加重了生态环境的破坏程度。政府与企业在矿产资源开发中对于生态补偿的责权利关系不明确，许多地方政府代替矿业企业行使矿区生态补偿责任，无人为矿区生态损害负责。根据污染者付费原则及受益者分担原则，矿业企业是矿区生态补偿的责任主体，主要承担正在发生的矿区生态环境损害的补偿责任，主要包括废弃物（固相、液相、气相）、土地塌陷、地形地貌破坏及矿山闭坑造成的环境损害。中央政府作为资源开发的受益者一方，主要承担单个企业无力承担的自然灾害（如地震、泥石流等），以及无法区分责任的诸如荒漠化、水土流失等生态损害的补偿责任。低价使用矿产资源的输入地政府作为资源开发的受益者一方，应承担历史遗留的矿区生态环境损害的补偿责任，补偿方式可以通过征收跨区税以及横向转移支付的方式进行[39]。

改革的方向是将资源开发中获得的收益与承担的生态补偿责任相匹配。生态补偿的资金难以保障体现在资金难以到位，难以筹措，过分地依赖于政府财政。我国已经多次提出建立自然资源有偿使用的机制，即为了防止生态环境的破坏，实现环境的整治与恢复，对从事对生态环境产生不良影响或者可能产生不良影响的生产、开发者征收生态补偿费，通过这种经济手段，使环境破坏者负担起相应的责任。国家规定矿产资源补偿费作为企业的管理费用，由采矿权人按照一定比例的矿产品的销售收入缴纳，但实际运行过程中，矿产企业缴纳的补偿费全部被纳入中央财政，这就导致了地方财力不足，无法支出补偿金。目前的资源税也只是对六类矿产品及盐类进行征收，税收范围过窄，标准偏低，难以补偿资源的损耗。

补偿主体在理论上应该是生态保护的受益者。由于生态环境的公共产品特性，所有人都是环保行为的受益者，因此，他们的代表——国家就是补偿主体，对应某种特定的环境因子。特定区域的代表——地方政府也是补偿主体。同时在工业企业中对污染治理投入较少的企业是经济利益的受益者，也是补偿主体。柴达木处于全国资源发展的战略地位和三江源区的生态地位，矿产资源的开发不仅为了促进当地经济社会发展，更主要的是从国家整体发展战略出发进行的，所以国家是最大的、直接的受益者，当然也是直接补偿主体之一。资源开发企业或者开矿权人，其主要目的就是通过开矿生产经营活动，从追求经济利益最大化出发获得最大的经济利益。因此，作为经济利益的直接受益者，当然也成为直接补偿主体之一。作为地方政府来说，尤其是资源所在地的地方政府，尽管矿产资源所有权属于国家，但地方政府实际上代表国家，成为矿产资源的直接管理者，不仅在资源开发过程中行使管理者的权利，而且通过地方税收等方式也成为直接受益者。生态补偿的受偿主体应该是对生态保护产生积极影响的行为实施主体，包括作为行为的实施主体和不作为行为的实施主体。一般来说，柴达木生态补偿的受客体包括：生态保护的利益受损者，主要有当地农牧民、地方政府及部分生态企业，他们应该成为受偿主体；此外，作为青海省省内其他地区的农牧民和政府，尽管没有受到矿产资源开发和生态保护的直接影响，但从全省产业布局、结构调整及财政支持地方经济发展等方面上看，实际上成了间接利益受损者，在一定意义上也可以作为间接的受偿主体。但从目前看，柴达木地区生态补偿的一个主要受偿主体被忽略，即柴达木周边各区域生态环境保护机构。

生态补偿是否有效的基本前提，是是否能顺利地筹集到相关补偿资金和物质，并是否能够顺利安排到补偿对象手中，以及能否产生明显的生态效益。因此生态补偿的标准一般可从政策的效果、资源的投入量、公平性、充分性、经济效率等几个方面加以考虑。一旦评估标准范围确定后，评估方法的选择便是整个补偿效果评价的关键所在[40]。从近年的补偿效果来看，生态补偿制度无论是对生态环境，还是对受偿主体的生态改善都不十分明显。

4.5   柴达木地区生态补偿标准化框架

依据之前的研究内容，构建柴达木地区生态补偿标准化框架（系统）。柴达木地区以矿产资源开发为主要特征，生态补偿内容的复杂性、补偿方式的多样性、补偿标准的不确定性决定了构建生态补偿标准化系统的难度，本节将以柴达木地区生态补偿标准为重点，展开框架性梳理。

4.5.1   柴达木地区生态补偿标准化的内容

本书构建的生态补偿标准化系统包括三个方面：生态补偿内容、生态补偿标准和生态补偿绩效评价。

由于柴达木地区资源种类较多，在开发不同资源过程中产生的生态污染不同，因此，从内容上看可以把柴达木地区资源开发的生态补偿分为直接损失补偿（也称为直接损害补偿）和间接损失补偿（也称为间接损害补偿）。直接损害补偿主要用于恢复或重建受损的生态系统，包括对环境污染的防治和对损毁土地的恢复；间接损失补偿包括因生态系统受损而造成的居民生活质量、效用等方面的损失的补偿。直接损失补偿是针对生态环境直接损失的补偿，目的是实现对大自然的公平补偿；间接损失补偿目的是为实现社会公平而做的补偿。更为重要的是，二者之间存在内在的联系：间接损失补偿的有无、大小因直接损失补偿的策略、方式、方法、效果而改变。因此，在补偿的策略和方法上，把柴达木地区生态补偿分为静态补偿和动态补偿两种类型。静态补偿指的是先损毁然后一次性补偿的策略，是现行的资源开采生态补偿的方法。但是由于生态环境损毁和修复的时间过程相对较长，存在着巨大的过程性损失，可能导致巨大的间接损失补偿。动态补偿是指预防性补偿策略，如通过对煤炭开采生态损毁过程的预测，伴随着开采过程不断预先补偿，降低或杜绝了对生态环境的损毁，从而可以降低或消除间接损失补偿。柴达木地区生态补偿的内容既包括对区域生态环境破坏的补偿，也包括对社区群众的补偿。由于生态环境破坏可能对居民身体健康造成长期的不良影响，并改变其原有的生产、生活方式，理应对居民给予适当的经济补偿，并纳入生态补偿的范畴。

4.5.2　柴达木地区直接损害补偿及标准测算方法

柴达木地区以矿产资源开发为主，其直接损害是对生物圈的破坏，由于资源开采导致的土地挖损、塌陷、压占，地表植被、森林遭到破坏，进而导致大气圈、水圈的污染与破坏。表 4-11 列出了资源开发对生态环境的影响类型。由于不同种类的资源开发对生态环境造成的直接损害不尽相同，本书将在具体问题讨论时介绍具体损害类型。

表 4-11　柴达木地区资源开发对生态环境的影响类型

环境污染问题	固相废弃物		开采废石的占地；边坡；淋滤污染；风化扬尘和污染排土场的占地；边坡；淋滤污染；风化扬尘尾矿库的占地；边坡；淋滤污染；风化扬尘放射性物质
	液相废弃物	无机无毒水	酸性水；高硬度水；放射性污染水
		无机有毒水	重金属污染水（汞、镉、铅、锌等）；氰化物污染水；氟化物污染水
		有机无毒水	含碳水化合物污染水；含脂肪类污染水
		有机有毒水	含多氟联苯污染物；含有机氟污染物
	气相废弃物		沙漠化导致的扬尘；采场或排土场的风化扬尘；天然气、煤层气、煤及煤矸石自燃产生废气；二氧化碳气田的大气污染；富含黄铁矿成分的废石自燃井下粉尘
地质问题			开采沉陷（冒落式沉陷、沉陷式沉陷、地堑式沉陷）、地面沉陷、地面岩溶塌陷、泥石流崩塌、地裂缝（山体开裂）、地形地貌景观破坏、岩溶矿床华北型煤田底板岩溶突水；矽卡岩型矿床周边充水闭坑矿山问题；矿区低地遭污染水淹没或沼泽化；水位抬升诱发的负效应
生态破坏问题			荒漠化问题（西北干旱、半干旱矿山荒漠化、油田荒漠化）；草场退化；湿地萎缩干枯；水土流失问题

核算柴达木地区生态破坏直接损害的主要因素是土地破坏经济损失。站在资源开采区土地类型角度上分析，我们可以根据利用的类型做如下种类的划分：耕地、林地、园地、建设用地与草地。

　　直接损害补偿的构成包括土地整治、生态恢复投入和环境污染治理投入三部分。从理论上讲，柴达木地区矿产资源开发过程中导致的环境污染、生态破坏从而产生的经济损失与生态补偿标准之间的相互关系是非常明确和清晰的，但实际中，由于矿产资源开发所引起的生态环境问题的复杂性，以及受环境科学、经济科学、社会科学理论研究和实践水平的限制，环境损害与污染负荷大小、环境质量与经济损失之间的剂量反应关系并不十分直接和明了，而且还有许多环境损失不能及时转化为直接的经济效益和货币流量，因此还难以找到一个环境与经济相联系、能定量化的指标体系和综合评判标准。

　　对矿产资源开采对生态环境直接损害的研究主要运用环境科学的研究方法。针对可能对环境产生影响的因素进行监测，获取数据，对照国家环境质量标准确定损害水平，或与参照标准进行比较，确定是否产生影响和影响程度，由此确定的直接损害程度更加准确。由于柴达木地区矿产资源开采种类较多，不适宜单一使用上述方法，本书将环境科学评价方法与生态足迹法相结合，定量确定柴达木地区矿产资源开采对生态环境的直接经济损失，并以直接经济损失作为直接损害补偿的标准。

　　直接损害补偿标准测算方法是以直接经济损失为依据测算的，也有通过其他方法测算的，常用的有恢复成本法、影子工程法、人工神经网络算法等。对直接经济损失的数字化、货币化方法主要应用生态服务功能价值量法（也称生态服务价值量法）。生态系统服务功能价值量是从生态效益的角度，对区域生态系统服务功能的价值进行核算。柴达木地区资源开发过程中的直接经济损失主要包括资源开发造成的生态环境破坏和环境污染恢复治理成本、资源开发造成的生态环境价值的损失两个方面。恢复成本法测算土地整治和污染治理的费用，按照生态补偿内涵的界定，直接生态补偿的构成包括土地整治、生态恢复投入和环境污染治理投入三个部分，需要分别核算。影子工程法是一种工程替代的方法，即对某个不可能直接得到结果的损失项目进行估算，假设某项实际并未进行但实际效果相近的工程，对该工程待评估项目的经济损失进行估算，以该工程建造成本替代的方法。影子工程法是一种特殊的费用恢复形式，当环境遭到破坏后，人工建造一个类似的环境替代工程，该环境价值的费用就可以用此替代工程的费用来表示。影子工程法将难以量化的生态价值转换为可量化的经济价值，从而将不可计算的问题转化为可计算的问题，对环境资源的估价进行了简化。BP神经网络是人工神经网络的代表性模型之一，具有结构简单、可塑性强、自学习能力强等特点。BP神经网络由 D. E. Rumelhart 等人于1986年提出，是一种多层的前馈神经网络，其算法包括信息的正向传播和误差的反向传播两个过程，BP神经网络具有无限逼近任何复杂非线性映射函数的功能，是目前应用最广泛的网络模型[41]。

4.5.3 柴达木地区间接损害补偿及标准测算方法

间接损害是指在资源开发的过程中对土地、大气、水域、人体、牲畜等造成的短期内不能表现出来的损害。柴达木地区资源开采对土地、大气等造成的损害短时间内不能恢复，而且耕地对于农户不仅是衣食的保障，更是情感的依托，耕地的损毁造成农户的福利效用的损失；大气的污染对人类身体造成的伤害有时不是立刻显现的，因此，间接损害的补偿也十分重要。由于主观性很强，测算其标准的难度很大。

间接损害补偿的标准以间接经济损失作为依据，也可根据间接损失类型的不同采用不同的方法核算。国内外通用的方法有意愿调查法（CVM）、碳平衡计算法等。

4.5.4 柴达木地区动态补偿及标准测算方法

生态补偿尤其以时间特征对生态补偿的影响较大。在生态环境损毁至完全恢复这一时段内，一直存在着生态服务的损失。采用何种补偿策略，决定了生态环境恢复效果和生态服务损失量大小。资源开采对生态环境的损坏是一个伴随其生命周期的过程，同时生态恢复也是一个漫长的过程，因此，时间尺度是生态补偿不可回避的问题。生态系统恢复的时间越久，生态服务损失可能越大，生态补偿的标准可能就越高。人类对生态系统的正向干预，能够加速受损生态系统恢复。矿区常见的土地生态系统恢复，耕地一般为 3~5 年时间，对于不同的复垦方式耕地恢复则可能需要 15 年之久，土壤的恢复可能长达 15~20 年，柴达木地区耕地贫瘠，土壤以砂砾、戈壁为主，其生态系统的恢复时间将更长。

动态补偿是为了减少过程性损失，针对人类生产活动全过程，采用时时预防措施降低生态环境损坏，取代先损毁后治理的补偿策略，既减少生态补偿费用，又创造生态美观、环境友好、社会和谐、经济可持续发展的发展模式。柴达木地区的生态补偿大多采取"先损坏，后补偿"的传统思路，通常等开采完成后，以生态环境实际损失量作为补偿标准进行补偿。此补偿方式时点单一，将开发和补偿割裂开来，对环境的恢复效果十分不明显，付出的成本往往较大。动态补偿是采用"边开采边补偿"的治理思路，采取预防性的修复策略，通过对矿区生态环境破坏的及时修复或预防性治理，降低生态环境累积恶化带来的累加负面效应。该补偿治理模式往往使生态功能恢复较快，付出的补偿治理成本由于避免了生态环境累积破坏而相对较小。当前，由于国家政策推进，各方对柴达木地区生态环境治理比较重视，开始着手规划对整个生态环境进行修复治理，对治理条件相对成熟的局部生态环境进行治理。

动态补偿考虑的影响因素众多，而且是时间漫长的大型系统，其大量数据存在交叉、重叠、混合的现象，主次相互隐含，并随时间不断变动出现相应的复杂变化，其内部关系也难利用常规解析方法来构造数学模型。因此，利用系统动力学的仿真技术进行系统动态模拟，具有较高的可行性和科学性。本书将采用系统动力学方法构建模型，对柴达木地区动态补偿标准进行测算。

4.6　本章小结

　　本章分析柴达木地区近十年的发展现状，对柴达木地区的资源、环境现状进行了详细的梳理，在运用生态价值当量因子的方法计算柴达木地区生态价值量的基础上，展开了对柴达木地区生态补偿标准化必要性的研究，并构建了柴达木地区生态补偿标准化框架。

　　柴达木地区矿产资源十分丰富，是一个典型的资源型地区，因此柴达木地区的工业发展以矿产资源开发为主，但柴达木地区生态系统脆弱，生态环境敏感性和不稳定性突出。本章从研究柴达木地区社会经济现状、资源现状，以及生态系统服务功能价值量等出发，阐述该区生态补偿标准化研究的必要性，然后构建柴达木地区生态补偿标准化系统，并针对矿产资源开发领域开展生态补偿标准化系统的子系统研究。矿区是由于矿产资源开采加工行为而形成的持续具有共同经济特性、社会功能和环境属性的经济地理区域。在其形成和发展过程中，矿区作为重要的能源和原材料供应基地，在为国民经济和社会发展作出巨大贡献的同时，带动和支持了本地区经济和社会的发展。然而，矿区传统生产模式是"资源开发—产品生产—废弃物排放"的单向线性模式。这种"大量生产、大量消费、大量废弃"的模式确实使矿区经济总量得到了迅速提高，但同时带来大量宝贵资源的严重浪费，以及由于对矿区生态环境管理不当而产生的环境污染和破坏问题。

　　本章针对柴达木地区生态补偿标准化，以及直接损害、间接损害的内容、补偿标准和标准核算的方法进行了全面的梳理。研究柴达木地区生态补偿标准化就是研究自然资源开发利用生态补偿的统一性，而生态补偿标准的核算是生态补偿标准化的关键，也是难点。柴达木地区属于矿产资源开发区，其生态补偿标准的确定是对矿产资源开发造成的生态价值损益进行定量化的评价。选用当量因子法对柴达木地区生态系统服务功能价值进行核算，数据表明，柴达木地区生产总值只有生态价值量的1/3左右，所以以生态系统服务功能价值直接作为生态补偿标准，由于生态系统服务功能价值量巨大而导致困难重重。因此，生态系统服务功能价值往往用来作为生态补偿标准估算的价值基础[42]。各区域的生态补偿标准的大小应由其自身生态资源的经济价值、污染物的排放总量和用于污染物的经济投入决定，总体而言，生态资源大省为应获得生态补偿的大省，经济大省为应支出生态补偿的大省。

5

柴达木资源开采区
生态补偿标准

　　柴达木地区是资源富集区，不同资源在开采的过程中对生态环境造成的损坏不同，制定的生态补偿标准也应该不同。本章从三种资源开采的过程角度探索生态补偿标准的差异，用生态足迹法和碳平衡法核算出直接经济损失和间接经济损失，然后比较分析煤炭、盐湖和非金属开采过程中两种经济损失的差异，并确定生态补偿标准。本书中有较多数据存在收集滞后，因此研究中确定使用 2015 年数据为基准期，由于研究本身对时限性要求不强，可达到研究的目的。

　　柴达木地区的四个工业园区中，乌兰循环经济工业园和大柴旦循环经济工业园主要利用煤炭资源，本书将以这两个区域为主要对象制定煤矿生态补偿标准。乌兰循环经济工业园主要利用木里丰富的焦煤资源，发展煤炭深加工和综合利用；大柴旦循环经济工业园主要利用大煤沟等地丰富的煤炭资源发展当地循环经济产业。此地区主要的大中型煤炭工业企业有天骏义海能源煤炭经营有限公司、青海庆华矿冶煤化集团有限责任公司、义马煤业集团、青海煤业鱼卡有限责任公司、青海庆华煤化有限责任公司等。

5.1　柴达木地区煤炭开采区生态补偿标准

　　生态环境损害是生态经济损失的前提，生态经济损失构成生态补偿的基础，损害的程度是确定生态补偿额度的依据。不同类型的资源开发对生态环境造成的损害差异很大，特点也不同，生态补偿标准应与生态环境损害挂钩。生态资源破坏的经济损失一般以年度损失值来计算，反映生态破坏在某一年度的损失情况。按照对生态系统要素的影响，生态环境损害可以分为土、水、气、植被等要素的损害，以及噪声等对环境产生的影响。

5.1.1 柴达木地区煤炭开采区的生态环境损害类型

煤炭开采破坏生态环境的类型主要包括区域沙漠化、水土流失、地面沉降、地下水污染、空气污染等20多种，这些破坏都引起了生态系统服务功能的变化。一般来说，煤炭开采对生态环境的影响主要体现在水资源的污染与破坏、土壤质量下降、噪声污染、大气污染、诱发地质灾害等几个方面。煤炭资源开发对生态环境的影响也不例外，通过破坏矿区生态物质循环影响生态系统服务功能。

（1）土地损害。

煤炭开采引发土地损害主要表现在占用土地、地面塌陷与水土流失等。采煤过程中，由于挖损、压占、塌陷、污染等会损毁大量土地，其中露天开放的土地挖损、废石及尾矿堆积压占、井采的塌陷、矸石堆放压占，以及采矿过程中的三废排放污染等是造成土壤污染和土地损毁的主要方式。矿区的农作物、牲畜受污染毒害，造成生产力和产品品质下降。占用土地表现为煤炭开采后排放的煤矸石、露天采煤矿产生的排土、洗选煤矿排放的尾矿等压占耕地或致使土地表面裸露。地面塌陷是矿区的主要环境地质灾害之一，造成建筑物毁坏、农田被毁、交通线路改道，有时还会诱发山体开裂、山地滑坡，对煤矿区的生态环境和土地造成了严重的破坏。[47]煤炭开采时导致的地面塌陷主要表现在地下采煤与回采，使煤层原始应力平衡状态遭到破坏以致地面沉陷；在新的应力平衡实现过程中，会造成地面塌陷盆地、漏斗状塌陷坑和台阶状断裂等破坏。

（2）水资源的污染与破坏。

煤炭开采会对地表、水地下水的分布和水质产生影响。煤炭开采过程中，废水主要来源是外排矿井废水、外排选煤煤泥水、外排其他工业废水及煤矸石山的酸性淋溶水等。这些废水不但对煤矿区的地下水造成了污染，而且对煤矿附近的江河水体等地表水也造成严重污染，同时造成矿区生活用水和工农业生产用水的严重不足。除了废水对水质产生的影响之外，煤矿开采中，疏干矿坑排水造成的区域地下水位下降、水资源损失和水均衡破坏、对地下水循环系统造成的影响和地下岩层空间的破坏也是非常严重的。区域地下水持续下降，不但会导致水源水量减少，而且还会造成地下水水质恶化、水井干洞等生态环境问题。柴达木地区因地下水下降使土地沙漠化加剧，导致矿区生态环境更加脆弱。

（3）大气污染。

伴随采煤过程中，煤炭开采会有大量废气产生，包括瓦斯、CO、CO_2、SO_2、H_2S 等，其中有些气体会对人体健康造成直接危害，而有些气体一旦浓度超限则有爆炸危险，造成极为惨重的人身伤害及财产损失。煤矿通风所排放的瓦斯（主要是 CH_4）是温室气体，会对区域乃至全球大气环境产生影响。据统计，我国煤炭系统每年有 1700 亿吨废气排入大气，其中瓦斯约有 60 亿立方米，还有大于 3 亿吨的烟尘、3.2 亿吨的 SO_2 气体。煤矸石自燃释放出 H_2S、CO、SO_2 等气体，煤炭贮、装、运过程中产生的粉尘、排放的粉煤灰亦是煤炭开采对大气污染的来源。

（4）固体废弃物对生物圈的污染。

煤矸石是煤炭开采过程中排出的主要固体废物，传统的煤矿资源开采不仅采出煤炭，也采出大量煤矸石，煤矸石排放量占全国工业固体废弃物量的1/5。据统计，全国已累计堆放煤矸石约 30 亿吨，而且以 1 亿吨/每年的速度排放，目前形成了 1200 多座煤矸石山，占地约 6000 公顷。排放煤矸石不仅压占了大量的土地，且经常还会因日晒雨淋发生自燃，发生自燃的矸石山已有约 125 座，排放出了大量的有害气体，造成水、土、气环境污染，危害了人体的健康。煤炭资源开采中，各种机械设备工作时产生的噪声直接影响了操作工人的身体健康，还可能对附近居民的工作、学习和生活产生影响。由于柴达木地区地广人稀，噪声污染不易计量，故本书忽略不计。

5.1.2　柴达木地区煤炭开采区生态经济损失

生态环境损坏或损毁是计算生态经济损失的前提，而生态经济损失又是构成生态补偿的基础，因此对生态环境损坏的度量在生态补偿标准化的研究中十分重要。本书将生态环境损坏（毁）的程度作为确定生态补偿额度的依据。把经济发展过程中各种生态环境遭到的破坏通过定量或半定量的折算，以经济损失的形式表现出来，评价人类活动对区域生态环境的影响。本章针对柴达木地区案例，采用实验方法研究生态环境损失类型，对资源开采过程中对水资源、大气、土地资源等造成的影响，以及生产过程的噪声污染、景观污染等进行分析，核算出柴达木地区直接和间接生态经济损失值。由于矿产资源开发活动造成生态环境破坏的复杂性，土地塌陷、土壤退化、地下水位下降、植被退化等生态环境损失难以进行定量评估，同时，由于生态环境破坏对社区群众的影响，尤其是健康损害和代际影响同样难以进行定量化评价，现有的生态补偿标准计算方法难以在矿产资源开发生态补偿活动中得到实际应用。本章应用生态补偿标准计算模型，对矿产资源税的征收额度进行调整，体现矿产资源开发的生态环境补偿因素，在实际征收过程中起到督促企业开展生态环境恢复（保护）工作的目的。

对于柴达木地区煤炭资源开发带来的生态环境损坏而言，依据修复该区域生态成本制定的生态补偿标准，反映到煤矿企业就是其生产成本中并不包括修复生态环境所需要花费的全部成本，即煤矿企业将一部分私人生态成本转嫁给了社会，由社会承担。单纯根据以生态系统服务功能价值为依据的定价标准进行煤矿生态环境补偿定价，一是目前对生态环境损害及损失价值的测算标准不是很统一，二是如果完全依照生态环境损害及损失价值的测算标准计算煤矿开采生态环境损失，并以此作为煤矿生态补偿执行标准，将导致补偿标准过高，煤矿企业无力承担，缺少实际可操作性，不利于生态补偿的真正实施。[47] 因此，柴达木地区生态补偿标准采用直接经济损失和间接经济损失相结合的方法来确定。

5.1.2.1　直接经济损失

直接经济损失是指人类生产、生活对生态环境造成的直接损害，人类可以立刻支付或包含在生产成本中的直接费用。其包括四个方面的内容：植被减少、水资源减少、土地塌陷、"三废"排放的环境污染。本节采用生态足迹法、直接计算法和经验计算法来估算柴达木地区生态经济损失值。

首先，对柴达木地区煤炭开采区土地利用结构进行分析。2015 年柴达木煤炭开采区可耕地面积为 4569.33 公顷、林地面积为 187321.04 公顷、草地面积占比最大为 653519.35 公顷、建筑用地面积为 3829.86 公顷，与 2000 年比较，用地变化情况主要体现在耕地面积的降低及建设用地、林地、裸地面积的上升。具体见表 5-1。

表 5-1　柴达木煤炭开采区基准期土地利用情况

土地类型	可耕地	草地	林地	建筑用地	化石燃料	水域
面积（公顷）	4569.33	653519.35	187321.04	3829.86	12856.81	55592.81

生态足迹的计算主要包括生物资源和能源资源两类。柴达木煤炭开采区属于高原资源开发区，其消费结构和内陆城市有所不同，根据具体情况，生物资源主要是农产品、畜牧产品、水果和木材四类。由于居民生活习惯等因素，畜牧产品消费量较大，能源消费主要涉及如下几种：煤、焦炭、原油、电力、柴油、汽油、热力等[43]。

按照生物生产性土地类型的划分方法，生物资源类型可分为七种：粮食、油料、蔬菜、药材、水果、肉类和水产品。其中，粮食、油料和蔬菜的生产面积类型列为耕地类型，药材和水果的生产面积类型列为林地类型，肉类的生产面积类型列为草地类型，水产品的生产面积类型列为水域。数据显示（表 5-2）柴达木煤炭开采区粮食消费量最高，其次是肉类消费量，由此可以看出草地在柴达木煤炭开采区的重要性。所有生物资源利用情况（表 5-2）、能源消费情况（表 5-3）的数据均来自《2016 年青海省统计年鉴》及其相关资料计算而得。

表 5-2　柴达木煤炭开采区基准期生物资源利用情况

生物资源类型	煤炭开采区消费量（吨）	全球平均产量（kg/公顷）	人均消费（kg/人）	人均生态足迹（公顷/人）	生产面积类型
1 粮食	9767	2790	207. 3673	0. 0743	耕地
1. 1 小麦	7032	2532	149. 2994	0. 0590	耕地
1. 2 青稞	1547	2544	32. 8450	0. 0129	耕地
1. 3 豆类	67	2302	1. 4225	0. 0006	耕地
1. 4 马铃薯	846	15918	17. 9618	0. 0011	耕地
2 油料	1120	1856	23. 7792	0. 0128	耕地
3 蔬菜	1052	16927	22. 3355	0. 0013	耕地
4 药材	2089	2516	44. 3524	0. 0176	林地
5 水果	10	9762	10	0. 0000	林地
6 肉类	6645	99	141. 0919	1. 4252	牧草地
6. 1 牛肉	429	33	9. 1145	0. 2762	牧草地
6. 2 羊肉	4394	33	93. 2853	2. 8268	牧草地
6. 3 猪肉	464	74	9. 8613	0. 1333	牧草地
6. 4 禽蛋	26	2760	0. 5520	0. 0002	牧草地
6. 5 牛奶	20	502	0. 4246	0. 0008	牧草地
7 水产品	832	29	17. 6645	0. 6091	水域

　　柴达木煤炭开采区的能源消费主要涉及的生产面积类型为化石燃料地和建筑用地两类，该区能源消耗主要有原煤、洗精煤、焦炭、天然气、原油、汽油、柴油及电力。数据显示，该区原煤的消耗量远大于其他能源的消耗量，具体数据见表 5-3。

表 5-3　柴达木煤炭开采区基准期能源消费情况

能源类型	消费量	折算系数	全球平均能源	居民人均消费（kg/人）	人均生态足迹（公顷/人）	生产面积类型
原煤	111. 4729	20. 93	55	495. 356	0. 90065	化石燃料地
洗精煤	5. 1941	20. 93	55	23. 081	0. 4197	化石燃料地
焦炭	2. 8876	28. 47	55	17. 45461	0. 3174	化石燃料地

能源类型	消费量	折算系数	全球平均能源	居民人均消费（kg/人）	人均生态足迹（公顷/人）	生产面积类型
天然气	3.4768	28.47	55	21.01596	0.3821	化石燃料地
原油	19.3556	43.12	93	177.1999	1.9054	化石燃料地
汽油	0.8606	43.12	93	7.878784	0.0847	化石燃料地
柴油	6.4293	42.17	93	57.56379	0.6190	化石燃料地
用电量	6.5564	11.84	1000	16.4816	0.0165	建筑用地

注：单位为万吨、亿立方米、亿千瓦时。

计算生态足迹所采用的均衡因子、产量因子取值均来自相应年份省域内某区域某类生物生产性土地的平均生产力与省域内全部同类土地的平均生产力差异对比，计算出煤炭开采区人均生态承载力，具体数据见表5-4[44-45]。在表5-4中可以看出草地、林地的人均生态承载力是最大的，说明了在煤炭开采区林地、草地面积占有很大比例。

表5-4　柴达木煤炭开采区人均生态承载力

土地类型	均衡因子	产量因子	土地面积	人均生态承载力（ec）
可耕地	2.8	2.02	4569.33	0.5487
草地	0.5	0.35	653519.35	2.4282
林地	1.1	0.93	187321.04	4.0686
建筑用地	2.8	1.9	3829.86	0.4326
化石燃料	1.1	0.35	12856.81	0.1051
水域	0.5	1.4	55592.81	0.8262
生态供给				8.4093
扣除生物多样性				1.0091
人均生态承载力				7.4002

以表5-4的核算为基础，柴达木煤炭开采区基准期生态足迹，见表5-5。通过对可耕地、草地、林地、建筑用地、化石燃料用地、水域的人均生态足迹、人均生态承载力数值的对比可以清晰地看出不同的土地类型在基准期所处的生态状态是不同的。

主要通过地区生态足迹与生态承载力的比较来判断地区生态安全的状

况。如果一个地区生态足迹超过生态承载力时，说明这个地区存在生态赤字；反之则有生态盈余。生态赤字或生态盈余反映一个地区人们对资源的利用程度，也可表明一个地区所面临的生态压力大小情况[46]。柴达木煤炭开采区可耕地的人均生态足迹为 0.08846 公顷/人，人均生态承载力为0.5487 公顷/人，生态盈余为 - 0.4602；草地人均生态足迹为 1.42622公顷/人，人均生态承载力为 2.4282 公顷/人，生态盈余为 - 1.0019；林地人均生态足迹为 0.01743 公顷/人，人均生态承载力为 4.0686 公顷/人，生态盈余为 - 4.0509；建筑用地人均生态足迹为 0.0027 公顷/人，人均生态承载力为 0.4326 公顷/人，生态盈余为 - 0.4299；化石燃料用地人均生态足迹为 4.62883 公顷/人，人均生态承载力为 0.1051 公顷/人，生态盈余为4.5237，由于煤炭开采区地广人稀且化石燃料资源含量丰富，化石燃料生态有所盈余；水域人均生态足迹为 0.60912 公顷/人，人均生态承载力0.8262 公顷/人，生态盈余为 - 0.2171 公顷/人。

表 5-5　柴达木煤炭开采区生态足迹

类型	人均生态足迹（ef）	人均生态承载力（ec）	生态盈余（ed）
可耕地	0.08846	0.5487	- 0.4602
草地	1.42622	2.4282	- 1.0019
林地	0.01763	4.0686	- 4.0509
建筑用地	0.0027	0.4326	- 0.4299
化石燃料用地	4.62883	0.1051	4.5237
水域	0.60912	0.8262	- 0.2171
合计	6.77295	7.4002	- 1.6364

　　根据以上数据和第 3 章介绍的生态足迹方法核算柴达木煤炭开采区直接经济损失。该区在 2015 年生产总值为 72.43 亿元，人口为 4.71 万人，人均 GDP 为 15.38 万元/人。单位足迹是单位面积能提供或者产生的 GDP，柴达木煤炭开采区人均生态足迹为 6.77295 公顷/人，单位足迹为 22705 元/公顷，在煤炭开采过程中造成的土地损害面积为 3829.86 公顷，因此直接经济损失为 8695 万元。

5.1.2.2　间接经济损失

间接经济损失是人类生产、生活对生态环境造成损害中，人类不用立刻支付或不包含在生产成本中的隐形费用。传统的间接损失核算的方法是人力资本法[47]和直接计算法。人力资本法用于核算大气污染和水污染对人体健康造成的经济损失；直接计算法依据固体废弃物带来的间接经济损失的额度和时间直接给出损失数据。大气污染造成的经济损失可以分为大气污染对人体健康的损失、大气污染对农业的经济损失、大气污染造成物品的经济损失三种。大气污染对人体健康的损失值具体可分解为医疗费用、陪护损失和误工损失。应用修正的人力资本法来进行测算，模型及参数说明如下：

$$V = M \times (P \sum T_i L_i + \sum Y_i L_i + P \sum H_i L_i) \tag{5-1}$$

式中，V 表示大气污染对人体健康的损失值，单位：元/年；P 表示人力资本（取人均净国内生产总值），单位：元/年；M 表示污染覆盖地区内人口总数，单位：人；T_i 为 i 病患者人均丧失劳动时间（以 60 岁为退休年龄计），单位：年/人；Y_i 为 i 病患者年均医疗费用，单位：元/人；H_i 为 i 病患者陪床人员的平均误工，单位：年/人；L_i 为污染患病率差值（污染区与清洁区患病率差值），单位：人/年。

生态破坏造成的经济损失是一种链式作用过程，不会因损害而即止。以煤炭开采造成草场破坏为例，草场面积减少、水土流失面积扩大、风沙变大、生态环境变差，这是第一次损失。草场面积减少又会影响到当地畜牧业的发展，这是第二次损失。畜牧业的欠发展将影响到牧民的身心健康，导致疾病产生，这是第三次损失。所以，计算间接经济损失的关键是确定研究的边界，仅以人力资本法和直接计算法来核算略显简单。本书认为在煤炭开采过程中对不同类型的生态环境造成的影响是不同的，但损害导致的最终结果是相似的。因此，本书从碳平衡的角度分析煤炭开采带来的间接经济损失。

不同地区经济发展水平和生态资源占有量不同，地区的产业结构、产业规模和城市生态保护、建设情况也不同，通过碳源以及生态固碳能力分析，若该地区生态固碳能力大于碳排放量，则该区域生态盈余，说明其在生态固碳过程中不仅吸收本地区碳排放而且吸收附近地区碳排放，在低碳社会建设过程中显示了自身的区域生态价值，所以该地区应获得一定的生态补偿；反之则为生态赤字，应支付生态补偿[48-49]。煤炭开采区间接经济损失的具体支付判断公式[50]如下：

$$CJ = R_c \times \gamma \tag{5-2}$$

式中，CJ 为煤炭开采区间接经济损失（即生态碳补偿标准）；R_c 为煤炭开采区碳排放和碳吸收的差值，也就是生态净固碳量；γ 为单位碳的货币价格。

本书选取 IPCC 方法来估算各行业能源终端消费碳排放量，公式如下：

$$E_{排} = \sum_{i=1}^{7} E_i \times NCV_i \times \delta_i \times OR_i \tag{5-3}$$

式中，$E_{排}$ 指柴达木煤炭开采区化石能源终端消费碳排放量，单位：万吨,；E_i 指 i 种能源终端消费量，单位：万吨；NCV_i 指 i 种能源净发热值（低位）[$TJ/(10^4 t)$]；δ_i 指第 i 种能源碳排放系数；OR_i 指第 i 种能源燃烧氧化率。柴达木地区能源消费种类统计值有 7 种，故 i 的取值为 1~7。能源燃烧净发热值参照《中国能源统计年鉴》附录提供系数，未规定的系数、缺省碳排放系数采用《2006 年 IPCC 国家温室气体清单指南》中提供的默认值；能源燃烧氧化率 IPCC 默认为 1，结合我国能源利用过程中的实际情况，参考已有学者研究成果确定符合实际的参数[41]，具体取值见表5-6。

表5-6　碳排放与碳吸收计算参数一览表

碳排放系数				碳吸收系数		
能源种类	NCV	δ	OR	FCO	土地类型	经济系数	碳吸收系数
原煤	20908	25.8	0.98	1.9003	林地	NA	0.95
洗精煤	26344	25.8	0.98	2.038	牧草地	NA	0.95

碳排放系数					碳吸收系数		
					土地类型	经济系数	碳吸收系数
焦炭	28435	29.2	0.98	2.8604		小麦	0.4	0.4853
原油	41816	20.1	0.98	3.0202	耕地	豆类	0.34	0.45
汽油	43070	20.2	0.99	2.9251		薯类	0.7	0.4226
柴油	42625	20.2	0.99	3.0959		油料	0.25	0.45
天然气	38931	15.3	0.995	2.1622				

注：原煤等单位为万吨，天然气单位为亿立方米，NCV 平均低位发热值千焦/千克，δ碳排放系数（吨碳/千焦）OR 氧化率，FCO 二氧化碳排放系数（千克-CO_2/千克）。

柴达木煤炭开采区主要是牧草地、林地和耕地具有碳吸收能力，本书在计算牧草地碳吸收时，选取草地的碳吸收系数、耕地碳吸收能力，采用了农作物生育期的碳吸收系数和经济系数。由于水域对 CO_2 的吸收和排放量大致相等且柴达木煤炭开采区水域占比较小，则将水域的 CO_2 通量取值为 0。因此，林地和牧草地碳吸收计算，基于样地实际测量结果统计出不同类型生态系统中主要的平均碳吸收量，再乘以不同类型生态系统面积，求得某特定区域的碳吸收量，其计算公式为：

$$LM_{吸} = A \times NEP \qquad (5-4)$$

式中，$LM_{吸}$ 分别为林地、牧草地的碳吸收量（T/a）；A 为不同碳吸收地的面积（公顷）；NEP 为不同碳吸收地的平均碳吸收量，1 公顷植被 1 年的碳吸收量，即碳吸收系数[51]。林地、牧草地碳吸收系数分别取值为 3.809 592 [$t/$（公顷·a）]、0.948 229 [$t/$（公顷·a）]。农作物生育期碳吸收量计算公式为：

$$NC_{吸} = \sum NC_i = \sum C_{fi} \times Y_{wi} \times H_i \qquad (5-5)$$

式中，NC 为某种作物全生育期对碳的吸收量；C_{fi} 为第 i 种作物合成单位有机质干质量所吸收的碳量，即农作物碳吸收系数；Y_{wi} 为第 i 种作物经济产量；H_i 为第 i 种作物经济系数。本书经济产量数据来源于海西州统计年鉴，主要农作物经济系数 H 和碳吸收系数 C_f 参考李克让《气候变化对土地覆被变化的影响及其反馈模型》，具体取值见表 5-6 右边栏。

　　本书选取柴达木地区消耗能源类型中的原煤、洗精煤、焦炭、原油、汽油、柴油、天然气作为碳排放的来源，选取林地、牧草地、耕地作为碳吸收的对象。在计算碳排放时，原煤的平均低位发热值为20908千焦/千克，碳排放系数为25.8吨碳/万亿焦耳，氧化率为0.98，二氧化碳排放系数为1.9003；洗精煤的平均低位发热值为20908千焦/千克，碳排放系数为25.8吨碳/万亿焦耳，氧化率为0.98，二氧化碳排放系数为2.038；焦炭的平均低位发热值为28435千焦/千克，碳排放系数为29.2吨碳/万亿焦耳，氧化率为0.98，二氧化碳排放系数为2.8604；原油的平均低位发热值为41816千焦/千克，碳排放系数为20.1吨碳/万亿焦耳，氧化率为0.98，二氧化碳排放系数为3.0202；汽油的平均低位发热值为43070千焦/千克，碳排放系数为20.2吨碳/万亿焦耳，氧化率为0.99，二氧化碳排放系数为2.9251；柴油的平均低位发热值42625千焦/千克，碳排放系数为20.2吨碳/万亿焦耳，氧化率为0.99，二氧化碳排放系数为3.0959；天然气的平均低位发热值为38931千焦/千克，碳排放系数为15.3吨碳/万亿焦耳，氧化率为0.995，二氧化碳排放系数为2.8604。在计算碳吸收时，林地、牧草地的碳吸收系数为0.95，在耕地类型中利用小麦、豆类、薯类、油料作物产量的经济系数、碳吸收系数做对照，其中小麦的经济系数为0.4，碳吸收系数为0.4853；豆类的经济系数为0.34，碳吸收系数为0.45；薯类的经济系数为0.7，碳吸收系数为0.4226；油料的经济系数为0.25，碳吸收系数为0.45。

　　根据林地、牧草地、农作物碳吸收量，可以计算出柴达木煤炭开采区碳吸收总量，见表5-7。然后应用公式（5-2）计算出柴达木煤炭开采区间接经济损失值。

　　此处利用表5-6中相关数据计算出原煤的碳排放总量是212.8606万吨、洗精煤的碳排放总量是10.7314万吨、焦炭的碳排放总量是8.2999万吨、原油的碳排放总量是58.7415万吨、汽油的碳排放总量是2.5296万吨、柴油的碳排放总量是20.0013万吨、天然气的碳排放总量是10.8350万吨。

表 5-7　柴达木煤炭开采区碳平衡

碳排放			碳吸收		
能源种类	消耗量	碳排放总量	土地类型	面积	碳吸收总量
原煤	112.014	212.8606	林地	187321.04	713616.7354
洗精煤	5.219	10.7314	牧草地	653519.35	620843.383
焦炭	2.902	8.2999	作物种类	产量	碳吸收总量
原油	19.5	58.7415	耕地 小麦	7032	1365.052
汽油	0.865	2.5296	豆类	67	10.251
柴油	6.461	20.0013	薯类	846	250.264
天然气	3.494	10.8350	油料	1120	126
合计		324.9993	合计	133.6211	

注：固体资源单位为万吨，气体资源单位为亿立方米，面积单位为公顷，产量单位为万吨，碳排放、碳吸收总量单位为万吨。

在基准期柴达木煤炭开采区原煤的消耗量为 112.014 万吨、洗精煤的消耗量为 5.219 万吨、焦炭的消费量为 2.902 万吨、原油的消费量为 19.5 万吨、汽油的消费量为 0.865 万吨、柴油的消费量为 6.461 万吨、天然气的消费量为 3.494 亿立方米；碳吸收中林地利用面积为 187321.04 公顷、牧草地利用面积为 653519.35 公顷，耕地中小麦的产量为 7032 万吨、豆类的产量为 67 万吨、薯类的产量为 846 万吨、油料的产量为 1120 万吨。利用表 5-6 中相关系数计算出林地的碳吸收总量为 713616.7354 万吨、牧草地的碳吸收总量为 620843.383 万吨、在耕地类型中小麦碳吸收总量为 1365.052 万吨、豆类的碳吸收总量为 10.251 万吨、薯类的碳吸收总量为 250.264 万吨、油料的碳吸收总量为 126 万吨，总计 1751.567 万吨。

柴达木煤炭开采区碳排放总量为 324.9993 万吨，碳吸收总量为 133.6211 万吨，碳平衡为 191.3782 万吨。目前国际上通用的碳税价格为 10~15 美元/吨，折合人民币为 66-99 人民币/吨，已有研究采用森林蓄积量转换法，计算得出我国单位碳汇的影子价格为 0.11-15.17 美元/吨，折合人民币为 66.7-100.2 人民币/吨[42][52]。柴达木地区位于我国西北脆弱生态系统前缘，生态环境容量十分有限，是三江源生态保护的屏障，而且社会经济发展水平落后，因此本书采用上限值为单位碳价格，即66人民币/吨。通过前述公式以及数据进行计算，柴达木煤炭开采区间接经济损失为12631万元。

5.2 柴达木盐湖开发区生态补偿标准

盐湖是地球上特殊的生态系统，也是矿产资源与盐类资源发达的地区，是与人类息息相关的自然生态资源区。盐湖生态系统具有丰富的生态功能，研究盐湖开采生态补偿具有重要的意义。柴达木盐湖开发区主要位于格尔木循环经济工业园。对盐湖开采的生态补偿研究不多，本书仍使用煤炭开采生态补偿标准的核算模式，研究盐湖开采的生态补偿。

5.2.1 柴达木盐湖开发区的生态环境损害类型

从20世纪50年代中期，我国就开始了对柴达木盆地盐湖地区资源的开发，主要以原盐、水氯镁石、氯化钾（钾肥）、硼砂、芒硝等为主。目前来看，柴达木地区盐湖开发主要集中在格尔木及其周边，主要以钾盐、镁盐、钠盐开发为主，通过盐湖化工、油气化工、冶金产业间产品、副产品或废弃物的物流、能流交换，进行产业链延伸和耦合，逐步形成以钾、钠、镁、锂、硼等盐湖资源精深加工、循环利用和产业延伸为重点的综合开发格局，辐射带动茫崖、冷湖、大柴旦、都兰等地的循环经济产业发展[53]。

生态破坏的系统分类涉及许多破坏项目，这些项目都有不同的特征，将这些不同特征的系统项目加以分类、归纳与总结，得出整个系统资源可以划分为水资源、土壤和植被。在盐湖开发利用中造成的破坏主要有以下几个方面。

（1）盐湖开发对水资源的损害。

镁害（水氯镁石的污染）是指一些企业和个体在对盐湖资源进行开采

时，就地就近排放老卤，对矿床造成的污染严重。排到湖区的老卤，除了一部分会沉淀结晶（水氯镁石）外，其余的大部分会流失，通过渗透的形式重新返回盐湖的原生卤水中，长期下去必然会造成水氯镁石越来越多，进而影响盐湖中原卤水的化学组成，严重危害盐湖资源。格尔木地区镁盐的开发已经形成年产数十万吨氯化镁的生产能力，把通过老卤中的水氯镁石经过摊晒脱水后装在袋子里销售。

盐湖地区常年处于干旱、半干旱的气候条件，卤水蒸发得比较快，加之开采不合理，以及对排到盐湖的老卤中含有的可回收资源的回收率低，致使资源浪费，使得流入湖中的地表径流量降低，卤水收支平衡失调、水位下降，盐湖卤水面积萎缩，造成了盐湖区植物大面积死亡，荒漠化急剧发展。

工业中排放的老卤，以及大量的晒盐后废卤的排放，引起盐层孔隙卤水的矿化度升高，致使钾盐的品位和盐矿资源的利用率降低。

（2）盐湖开发对土壤资源的损害。

由于地下水问题引起盐矿卤水的矿化度升高，加剧了盐湖土地的盐碱化程度。人类大肆地开采资源、滥砍滥伐，使得沙丘的固定遭到破坏，导致沙漠化和沙丘活化。盐湖地区的大部分土壤为荒漠土壤，主要由湖积物、洪积等组成，而察尔汗盐湖周边是干盐滩（湖积物的沉积物），其土壤的质地较为松散，周边植被也很少，使得阻挡风沙的能力极弱，容易发生沙化、荒漠化及土壤盐碱化等。

（3）盐湖开发对植被的损害。

盐湖的盐沼有许多盐生植物，土壤沙化的原因是由于水质受到污染，使土壤降低了固定植物根系的能力。目前，随着盐湖的开发，环境的变化使得大片草地枯萎，察尔汗南部的草地逐渐向南端退化，盐湖失去了植被的保护，风沙灾害日益严重。盐湖沙丘上多有沙枣、红柳等能起到防风固沙作用的植被，因被人类过度挖采而遭到破坏，加剧了盐湖荒漠化程度。盐湖水域中存在的一些生物，例如嗜盐藻、盐卤虫、轮虫、盐藻和嗜盐菌等稀缺的生物资源具有极高的经济价值和意义。其中卤虫是渔业的最佳饲料之一，有"水黄金"的美称，而盐湖含盐量的变化会造成这些生物无法适应环境，最终会消失。

5.2.2　柴达木盐湖开发区的生态经济损失

生态破坏造成的经济损失的计算是一个链式作用过程，资源开发造成的直接损失为第一次损失，间接损失为第二次损失，所以，必须确定一个合理的损失计算边界，划分损失范围。我们通常以第二次损失作为生态破坏经济损失的边界。

5.2.2.1　直接经济损失

基准期盐湖开发区的土地利用情况见表5-8，从表中可以看出可耕地面积非常少，只有约6041公顷，牧草地的面积最大，约有420万公顷。

表5-8　柴达木盐湖开发基准期土地利用情况

土地类型	可耕地	草地	林地	建筑用地	化石燃料	水域
面积（公顷）	6041.64	4208365.58	249188.6	5163.59	39171.51	652508.43

用生态足迹法核算盐湖开发区的直接经济损失，需要用到基准期盐湖开发区生物资源利用情况、能源消费情况的数据，由于篇幅所限，将这些数据放在附录中。根据公式计算，柴达木盐湖开发区人均生态足迹为14.18公顷/人，人均生态承载力为11.47，扣除12%生物多样性后人均生态承载力为10.096。

柴达木盐湖开发区可耕地的人均生态足迹为0.0178公顷/人，人均生态承载力为0.2571公顷/人，生态盈余为-0.2394；草地人均生态足迹为0.2931公顷/人，人均生态承载力为5.5415公顷/人，生态盈余为-5.2483；林地人均生态足迹为0.0251公顷/人，人均生态承载力为1.9181公顷/人，生态盈余为-1.8931；建筑用地人均生态足迹为0.0401公顷/人，人均生态承载力为0.2067公顷/人，生态盈余为-0.1666；化石燃料用地人均生态足迹为6.7758

公顷/人，人均生态承载力为 0.1135 公顷/人，生态盈余为 6.6623；水域人均生态足迹为 0.6285 公顷/人，人均生态承载力 3.4368 公顷/人，生态盈余为-2.8084（表 5-9）。

表 5-9 柴达木盐湖开发区基准期生态足迹

	人均生态足迹（公顷/人）	人均生态承载力（公顷/人）	生态盈余
可耕地	0.0178	0.2571	-0.2394
草地	0.2931	5.5415	-5.2483
林地	0.0251	1.9181	-1.8931
建筑用地	0.0401	0.2067	-0.1666
化石燃料用地	6.7758	0.1135	6.6623
水域	0.6285	3.4368	-2.8084
合计	7.7803	11.4738	-3.6934

柴达木盐湖开发区基准期生产总值为 318.89 亿元，人口为 13.29 万人，人均 GDP 为 23.99 万元/人，人均生态足迹为 7.7803 公顷/人，单位足迹为 34261 元/公顷，在盐湖开发过程中造成的土地损害面积为 39171.51 公顷，因此直接经济损失为 134208 万元。

5.2.2.2 间接经济损失

盐湖开发中造成的水资源、土地资源的间接损害主要表现在对人体的间接损害和水资源供给不足。盐湖开发中老卤的随意排放，镁害的存在致使矿床的污染，广泛地引起了盐湖区水资源的污染。水资源的破坏必将造成对人体健康、工业经济及农作物的损害。水资源污染造成的人体健康损害表现在人类疾病的增加，其经济损害主要指由此产生的经济费用，主要应用人力资本法核算。

（1）水污染造成的人体健康损失。

运用人力资本法计算，基准期盐湖开发区的人均生产总值为 138997元，将其视为人力资本。盐湖开发区人口总数为 132922 人，根据《2013年中国卫生统计年鉴》可知，2015 年中国每位患者每年的平均医疗费用为：癌症 16793 元、肝肿大 7683.9 元、肠道疾病 7202 元；患者人均陪床日数为：癌症 120 天、肝肿大 102 天、肠道疾病 40 天；患者工作年损失为：癌症 12 年、肝肿大 2 年、肠道疾病 30 天。将以上数据按人力资本法计算，其计算公式如下：

$$S_1 = M \times \left[P \sum T_i(L_i - LO_i) + \sum Y_i(L_i - LO_i) + P \sum H_i(L_i - LO_i) \right]$$

$$(5-6)$$

式中，S_1 表示环境污染对人体健康的损失值，单位：万元/年；P 表示人力资本（取人均产值，单位元/年·人）；T_i 表示三种疾病患者人均丧失劳动时间，单位：年；Y_i 表示三种疾病患者平均医疗费，单位：元/人；H_i 表示三种疾病患者陪床人员的平均误工，单位：年；M 表示污染覆盖区域户口人口数；L_i、LO_i 表示分别为污染和清洁区三种疾病的发病率，单位：人/10 万人·年。

$$S_1 = 132922 \times \left[138997 \times (12 \times 0.03\% + 2 \times 4.6\% + 60/360 \times 5\%) \right.$$

$$+ (16793 \times 0.03\% + 7683.9 \times 4.6\% + 7202 \times 5\%)$$

$$\left. + 138997 \times (120/360 \times 0.03\% + 102/360 \times 4.6\% + 30/360 \times 5\%) \right]$$

$$= 23.35 \text{ 亿元}$$

（2）水污染造成的工业经济损失。

因水资源受到污染而使工厂停滞所带来的经济损失称为水污染造成的工业经济损失，由水污染引起的缺水量是一个主要的数据，但是目前没有这方面的统计调查。

由表 5-10 可知，基准期盐湖开发区工业供水量为 0.65 亿立方米，工业用水主要包括盐湖集团生产钾肥的工业用水，以及盐湖资源综合利用一期、二期、三期项目、昆仑经济开发工业园区等的工业用水，预计需水量将达到 1.77 亿立方米，本数据来自格尔木市水利信息网。那么工业缺水量=工业需水量-工业供水量=1.12 亿立方米。据《中国环境污染损失的经济计员与研究》记录，1992 年全国平均每缺一吨水水造成工业净产值损失（经价格指数调整）为 12.30 元，考虑到 2012 年的价格指数为 1992 年的 261.5%，因此将该值调整为 32.16 元/吨。所以，格尔木市盐湖由于缺水造成的工业经济损失为 1.12×32.16＝36 亿元。

表 5-10　基准期盐湖开发区供水能力

单位：亿立方米

		分类	供水量	总计
格尔木供水量	地表水供水量	引水工程供水量	3.94	6.85
		提水工程供水量	0.13	
		跨河流域调水供水量	1.78	
	地下水供水量	农村牧区人畜饮水供水量	0.012	1.1
		城镇自来水供水量	0.44	
		工矿企业供水量	0.65	

数据来源：格尔木市水利信息网。

（3）水污染造成的农作物损失。

一般情况下，水污染造成的农作物损失指的是由于水资源污染导致的蔬菜或者粮食的减产损失。根据农业环境保护研究所对国内多个污水灌溉区的研究，污溉区与清溉区相比，减产粮食 0.8 亿公斤，为 210 公斤/公顷。根据该区相关资料得知该区的污灌面积为耕种面积的 50%，而从海西州统计年鉴得知，2015 年盐湖区耕种面积为 52.36 平方千米，单位换算为 0.5236 万公顷，据此推算出该区污灌面积为 0.2618 万公顷（包含粮食和蔬菜），则该区由于水污染造成的粮食损失量为 0.2618×210＝54.978 公斤。2014 年粮食的市场价格为 5 元/公斤，根据市场价值法，该区因水污染造成的农作物损失为 54.978×5＝274.89 万元，包括粮食、蔬菜的减产。

盐湖开发造成了水资源破坏，导致了一定的经济损失，水资源污染造成的工业经济损失比重最大，占水资源污染总经济损失的 60.73%，人体健康损失占总经济损失的 39.22%，而水资源污染造成的农作物损失比重最小，占总经济损失的 5%。

（4）土壤资源破坏造成的经济损失。

土壤资源破坏指的是该土壤被长期侵入某一种或多种污染物后破坏了原有的良好状态，造成土壤大面积的破坏，形成土地沙化、荒漠化。一般情况下，土壤破坏造成的经济损失指的是计算由土壤破坏造成的农业经济损失，用市场价值法估算。表 5-11 为基准期盐湖开发区土地利用情况相关数据，特用察尔汗盐湖行政区格尔木市相关数据代替进行估算。

表 5-11　基准期盐湖开发区土地利用情况　　　　单位：公顷

指标	年初面积	年内减少面积	年内增加面积	年末面积
耕地	6041.64	4.25		6037.39
园地	859.17	0.86		858.31
林地	249188.60	2.87		249185.73
草地	4208365.58	72.33		4208293.25
城镇村及工矿用地	39171.51		1262.25	40433.76
交通运输用地	5163.59		14.99	5178.58
水域及水利设施用地	652508.43	0.29		652508.14
其他土地	6756051.71	1196.64		6754855.07

数据来源：《海西州统计年鉴（2016）》。

表 5-11 数据显示基准期柴达木盐湖开发区耕种面积为 0.6042 万公顷，年内减少面积为 4.25 公顷，遭到破坏的面积为 4.25 公顷，由于土壤破坏造成的农作物经济损失为 4.25×210＝892.5 万公斤。2015 年粮食的市场价格为 5 元/公斤，根据市场价值法，间接经济损失为 0.08925×5＝0.44625 万元。

（5）植被破坏造成的经济损失。

由于数据的匮乏，本书对植被破坏造成的经济损失以林地的破坏面积作为指标，计算林地与草地破坏面积农作物的减产量，以此度量其经济损失。根据表 5-11 可知，2015 年盐湖开发区年初林地面积为 24.91886 万公顷，年内减少面积为 0.000287 万公顷；草地面积年初为 420.836558 万公顷，年内减少 0.007233 万公顷。合计破坏面积为 0.00752 万公顷，则植被破坏造成农作物减产 0.00752×210＝1.5792 万公斤。根据市场价值法，植被破坏造成的农作物经济损失为 1.5792×5＝7.896 万元。

盐湖资源开发造成的生态破坏分为三大类，即水资源的破坏、土壤资源的破坏及植被资源的破坏。根据计算得出水资源污染对人体健康造成的损失为 2335 万元、水资源污染对工业经济造成的损失为 3600 万元、水资源对农业经济造成的损失为 274.89 万元，以上总经济损失合计约为 6210 万元。土壤资源破坏造成的经济损失为 0.44625 万元；植被破坏造成的经济损失为 7.896 万元。所以，盐湖资源开发生态破坏造成的间接经济损失合计约为 6218 万元。

5.3 柴达木非金属开采区生态补偿标准

柴达木非金属开采区主要位于德令哈循环经济工业园，利用德令哈及周边地区丰富的石灰石、石英等非金属矿资源和钠盐、天然气资源，结合盐湖化工大力发展纯碱、烧碱、氯化钙、有机硅等相关产品的生产，构建两碱化工、新型建材循环经济产业链，辐射带动乌兰、都兰等地区循环经济产业发展[54]。

5.3.1 柴达木非金属开采区的生态环境损害类型

非金属开采区的生态环境损害主要表现三个方面：一是在矿山开发中滥采乱挖导致的对原始地形地貌和当地生态环境的破坏；二是采矿剥离的废土、废料随意堆放占用土地，对土地和矿区居民造成的损害；三是废弃的采坑由于没有任何的防护且边坡在自然地质作用下失稳形成坍塌，对周边居民安全和出行造成的威胁。

柴达木非金属矿产主要为石灰岩、石英岩、白云岩。柏树山石灰岩矿和旺尕秀石灰岩矿为优势矿，该矿质优量大，在国内居第四位，资源保证程度高。旺尕秀石灰岩矿探明储量 3 亿吨，是制造水泥的优质原料；柏树山石灰岩矿分布面（可采区）约 40 平方千米，可开发利用的储量达 10 亿吨以上，氧化钙含量为 54%~55%，碳酸钙含量为 95%~97%，是制造纯碱的优质原料。其他非金属矿，大型石英石矿床 1 处，探明储量为 7000 万吨，二氧化硅含量达 95%~98%；冶金用白云岩 1 处，探明储量为 1000 万吨。

柴达木非金属开采区在大地构造上属秦岭昆仑祁连地槽褶皱系的一部分，为中新代凹陷盆地。柴达木非金属开采区的地貌属戈壁沙丘，经过三十多年的露天开采，原始的地形地貌及自然景观已不复存在，采矿废渣随意堆放，原地貌形态遭到严重破坏和改变，植被及生态环境遭受一定程度的破坏。

柴达木非金属治理区对耕地的占用和破坏主要有四种形式：第一种是矿山开采形成的露天采矿坑，直接破坏耕地；第二种是采矿废渣无序排放，以不同形状、不同规模堆放在丘陵顶部、斜坡及丘间洼地之中，直接占用当地居民耕地；第三种是矿石粗加工厂房及矿石堆占压耕地；第四种是废矿渣引发滑塌及坡面泥石流占压耕地。

5.3.2　柴达木非金属开采区的生态经济损失

5.3.2.1　直接经济损失

基准期非金属开采区的土地利用情况见表5-12。从表中可以看出可耕地的利用面积为11161.01公顷、草地的利用面积为1495018公顷、林地的利用面积为64080.01公顷、建筑用地的利用面积为3747.39公顷、化石燃料用地的利用面积为5348.06公顷、水域的利用面积为147514.3公顷。其中建筑用地面积最少，草地的面积最大。

表5-12　柴达木非金属开采区基准期土地利用情况　　　单位：公顷

土地类型	可耕地	草地	林地	建筑用地	化石燃料用地	水域
面积	11161.01	1495018	64080.01	3747.39	5348.06	147514.3

柴达木非金属开采区的直接损害类型有别于煤炭开采区和盐湖开发区，非金属开采区固体废弃物占地面积较大，用生态足迹法核算非金属开采区的直接经济损失时，需要用到2015年非金属开采区生物资源利用情况、能源消费情况数据，同时校准均衡因子和产量因子。其他计算方法和煤炭开采区、盐湖开发区的直接经济损失计算方法相同，在此不做赘述。

由于篇幅所限，生物资源利用情况、能源消费情况数据见附表 1。

表 5-13　柴达木非金属开采区基准期生态足迹

	人均生态足迹（公顷/人）	人均生态承载力（公顷/人）
可耕地	0.2255	0.8306
草地	1.8535	3.4425
林地	0.0697	0.8626
建筑用地	0.0027	0.2623
化石燃料	2.0863	0.0271
水域	0.6806	1.3587
合计	4.9182	6.7837

见表 5-13，柴达木非金属开采区可耕地的人均生态足迹为 0.2255 公顷/人，人均生态承载力为 0.8306 公顷/人；草地人均生态足迹为 1.8535 公顷/人，人均生态承载力为 3.4425 公顷/人；林地人均生态足迹为 0.0697 公顷/人，人均生态承载力为 0.8626 公顷/人；建筑用地人均生态足迹为 0.0027 公顷/人，人均生态承载力为 0.2623 公顷/人；化石燃料用地人均生态足迹为 2.0863 公顷/人，人均生态承载力为 0.0271 公顷/人；水域人均生态足迹为 0.6806 公顷/人，人均生态承载力为 6.7837 公顷/人。

柴达木非金属开采区 2015 年生产总值为 44.58 亿元，人口为 7.6 万人，人均 GDP 为 58.658 万元/人。单位足迹是单位面积能提供或者产生的 GDP，柴达木煤炭开采区人均生态足迹为 4.9182 公顷/人，人均生态承载力为 6.7837 公顷/人，单位足迹为 119267 元/公顷，在非金属开采过程中造成的土地损害面积为 3748 公顷，因此直接经济损失为 447012 万元。

5.3.2.2　间接经济损失

非金属开采区间接经济损失是指在开采尾矿堆砌、采矿沉陷过程中，使得生态资源的非生产要素功能退化从而影响其他生产和消费系统而造成的损失。环境被破坏后会产生一系列的影响，人类不用立刻支付生产成本中的隐形费用。基于表 5-14，本章依据碳排放和碳吸收计算出柴达木非金属开采区间接经济损失值。

表5-14　柴达木非金属开采区碳平衡

碳排放			碳吸收			
能源种类	消耗量	碳排放总量	土地类型		面积	碳吸收总量
原煤	294.49	559.611	林地		64080.01	24.3504
洗精煤	13.72	28.2127	牧草地		1495018	134.5516
焦炭	7.63	21.8205	土地类型		产量	碳吸收总量
原油	51.13	154.4315	耕地	小麦	16766	3254.616
汽油	2.27	6.6502		豆类	119	18.207
柴油	16.98	52.5833		薯类	806	238.4309
天然气	9.18	28.4853		油料	2234	251.325
合计	851.794					

注：固体资源单位为万吨，气体资源单位为亿立方米，面积单位为公顷，产量单位为万吨，碳排放、碳吸收总量单位为万吨。

基准期柴达木煤炭开采区原煤的消耗量为294.49万吨、洗精煤的消耗量为13.72万吨、焦炭的消费量为7.63万吨、原油的消费量为51.13万吨、汽油的消费量为2.27万吨、柴油的消费量为16.98万吨、天然气的消费量为9.18亿立方米。利用消费能源的平均低位发热值、碳排放系、氧化率、二氧化碳排放系数和消耗量计算出柴达木非金属开采区原煤的碳排放总量是559.611万吨、洗精煤的碳排放总量是28.2127万吨、焦炭的碳排放总量是21.8205万吨、原油的碳排放总量是154.4315万吨、汽油的碳排放总量是6.6502万吨、柴油的碳排放总量是52.5833万吨、天然气的碳排放总量是28.4853万吨。

碳吸收中林地利用面积为64080.01公顷、牧草地利用面积为1495018公顷，耕地中小麦的产量为16766万吨、豆类的产量为119万吨、薯类的产量为806万吨、油料的产量为2234万吨。利用表5-6中系数计算出林地的碳吸收总量为24.3504万吨、牧草地的碳吸收总量为134.5516万吨、耕地的碳吸收总量为3762.5789万吨，其中在耕地类型中小麦碳吸收总量为3254.616万吨、豆类的碳吸收总量为18.207万吨、薯类的碳吸收总量为238.4309万吨、油料的碳吸收总量为251.325万吨。

2015 年非金属开采区碳汇为 692.52 万吨，本书采用单位碳价格 66 人民币/吨。通过公式计算，柴达木非金属开采区间接经济损失为 45706 万元。

5.4 柴达木地区生态补偿标准比较研究

柴达木地区资源开发种类繁多，造成的生态功能损失可分为水源涵养、气候调节、土壤保持、生物多样性维持、废物处理等方面的损失。通过前文的分析，对柴达木地区煤炭、盐湖和非金属三种资源开采区的生态补偿标准进行核算分析，对于其他小众资源，不方便再一一核算，本节统一核算在柴达木地区生态补偿标准中。

5.4.1 柴达木地区生态补偿标准

基准期柴达木地区的土地利用情况见表 5-15。从表中可以看出可耕地的利用面积为 40984.07 公顷、草地的利用面积为 11055563.06 公顷、林地的利用面积为 903716.61 公顷、建筑用地的利用面积为 20472.83 公顷、化石燃料的利用面积为 104018.28 公顷、水域的利用面积为 1077082.32 公顷。其中可耕地面积是最小的，在整个柴达木经济发展中占有的分量也是很少的，只有 40984.07 公顷，草地的面积最大约有 1106 万公顷。

表 5-15　基准期柴达木地区土地利用情况　　　　　单位：公顷

土地类型	可耕地	草地	林地	建筑用地	化石燃料	水域
面积	40984.07	11055563.06	903716.61	20472.83	104018.28	1077082.32

根据生态足迹法计算可知，见表 5-16，柴达木地区可耕地的人均生态足迹为 0.1637 公顷/人，人均生态承载力为 0.5638 公顷/人；草地人均生态足迹为 2.7274 公顷/人，人均生态承载力为 4.7407 公顷/人；林地人均生态足迹为 0.0385 公顷/人，人均生态承载力为 2.2651 公顷/人；建筑用地人均生态足迹为 0.0144 公顷/人，人均生态承载力为 0.2587 公顷/人；

化石燃料用地人均生态足迹为 11.0981 公顷/人，人均生态承载力为
0.0950 公顷/人；水域人均生态足迹为 0.0414 公顷/人，人均生态承载力
为 1.8471 公顷/人。

表 5-16　基准期柴达木地区生态足迹

土地类型	人均足迹（公顷/人）	人均生态承载力（公顷/人）
可耕地	0.1637	0.5638
草地	2.7274	4.7407
林地	0.0385	2.2651
建筑用地	0.0144	0.2587
化石燃料	11.0981	0.0950
水域	0.0414	1.8471
合计	14.0834	9.7704

　　柴达木地区 2015 年生产总值为 609.72 亿元，人口为 40.28 万人，人
均 GDP 为 151.37 万元/人。单位足迹是单位面积能提供或者产生的 GDP，
柴达木地区人均生态足迹为 14.0834 公顷/人，人均生态承载力为 9.7704
公顷/人，单位足迹为 10748 元/公顷，在非金属开采过程中造成的土地损
害面积为 20472 公顷，因此直接经济损失为 220036 万元。

　　利用公式计算出柴达木地区原煤的碳排放总量为 1599.9386 万吨、洗
精煤的碳排放总量为 80.6608 万吨、焦炭的碳排放总量为 62.3853 万吨、
原油的碳排放总量为 441.5230 万吨、汽油的碳排放总量为 19.0132 万吨、
柴油的碳排放总量为 150.3369 万吨、天然气的碳排放总量为 81.4401 万
吨。在 2015 年该地区原煤的消耗量为 841.94 万吨、洗精煤的消耗量为
39.23 万吨、焦炭的消耗量为 21.81 万吨、原油的消耗量为 146.19 万吨、
汽油的消耗量为 6.5 万吨、柴油的消耗量为 48.56 万吨、天然气的消耗量
为 26.26 亿立方米；在碳吸收中林地利用面积为 903838.63 公顷、牧草地
利用面积为 11058005.7 公顷，耕地的作物产量为 63273 万吨，其中小麦的
产量为 43203 万吨、豆类的产量为 691 万吨、薯类的产量为 7690 万吨、油
料的产量为 11689 万吨。利用表 5-6 中系数计算出林地的碳吸收总量为

344.3256万吨，草地的碳吸收总量为1050.5105万吨。耕地的碳吸收总量为1.2083万吨，其中在耕地类型中小麦碳吸收总量为0.8387万吨、豆类的碳吸收总量为0.0106万吨、薯类的碳吸收总量为0.2275万吨、油料的碳吸收总量为0.1315万吨。详细数据见表5-17。

表5-17　柴达木地区基准期碳平衡

碳排放			碳吸收		
能源种类	消耗量	碳排放总量	土地类型	面积	碳吸收总量
原煤	841.94	1599.9386	林地	903838.63	344.3256
洗精煤	39.23	80.6608	牧草地	11058005.7	1050.5105
焦炭	21.81	62.3853	作物种类	产量	碳吸收总量
原油	146.19	441.5230	耕地 小麦	43203	0.8387
汽油	6.5	19.0132	豆类	691	0.0106
柴油	48.56	150.3369	薯类	7690	0.2275
天然气	26.26	81.4401	油料	11689	0.1315
合计		2435.2979	合计		1396.0444

注：固体资源单位为万吨，气体资源单位为亿立方米，面积单位为公顷，产量单位为万吨，碳排放、碳吸收总量单位为万吨。

由表5-17可知，基准期柴达木地区净碳排放量为2435.30万吨，净碳吸收量为1396.04万吨，则基准期碳赤字为1039.25万吨，由于碳排放造成的间接经济损失为68590.73万元。

5.4.2　柴达木地区生态补偿标准横向比较

柴达木地区不同资源开发过程导致的生态损害不同，直接经济损失也不同，由于开采过程工艺不同造成的间接经济损失也不同。本书分析煤炭、盐湖和非金属开采区的不同经济损失，横向比较其差异，对资源开采过程及后期决策是否应该开发、如何开发具有积极作用。

从表5-18中可以看出，基准期煤炭开采区生产总值为72.43亿元、人口为4.71万人、人均生产总值为153779.19元，通过应用公式计算出人均生态足迹为6.7730公顷/人、人均生态承载力为7.4002公顷/人、单位足迹为 22704.91 元/公顷、受损面积为 3820 公顷，得出煤炭开采区直接经济损失为 8673 万元；利用碳平衡法计算出碳排放为 324.00 万吨、碳吸收为 133.62 万吨，则间接经济损失为 12565 万元。

表 5-18　柴达木不同资源开采经济损失

	煤炭开采区	盐湖开发区	非金属开采区	柴达木地区
生产总值（亿元）	72.43	318.89	44.58	609.72
人口（万人）	4.71	13.29	7.6	40.28
人均生态足迹（公顷/人）	6.7730	7.7803	4.9182	10.0834
人均生态承载力（公顷/人）	7.4002	11.4738	6.7837	9.7704
人均生产总值（元/人）	153779.19	239947.33	58657.89	151370.41
单位足迹（元/公顷）	22704.91	30840.37	11926.70	15011.84
受损面积（公顷）	3820	5160	3740	20470
直接经济损失（万元）	8673	15914	4461	30729
碳排放（万吨）	324.00	1224.30	851.79	2435.30
碳吸收（万吨）	133.62	494.79	159.28	1396.04
间接经济损失（万元）	12565	48147	45706	103925

基准期盐湖开发区生产总值为 318.89 亿元、人口为 13.29 万人、人均生产总值为 239947.33 元，通过应用公式计算出人均生态足迹为 7.78036 公顷/人、人均生态承载力为 11.4738 公顷/人、单位足迹为 30840.37 元/公顷，受损面积为 5160 公顷，得出煤炭开采区直接经济损失为 15914 万元；利用碳平衡法计算出碳排放为 1224.30 万吨、碳吸收为 494.79 万吨，间接经济损失为 48147 万元。

基准期非金属开采区生产总值为 44.85 亿元、人口为 7.6 万人、人均生产总值为 58657.89 元，通过应用公式计算出人均生态足迹为 4.9182 公顷/人、人均生态承载力为 6.7837 公顷/人、单位足迹为 11926.70 元/公顷，受损面积为 3740 公顷，得出煤炭开采区直接经济损失为 4461 万元；利用碳平衡法计算出碳排放为 851.79 万吨、碳吸收为 159.28 万吨，间接经济损失为 45706 万元。

基准期柴达木地区生产总值为 609.72 亿元、人口为 40.28 万人、人均生产总值为 151370.41 元，通过应用公式计算出人均生态足迹为 10.0834 公顷/人、人均生态承载力为 9.7704 公顷/人、单位足迹为 15011.84 元/公顷，受损面积为 20470 公顷，得出煤炭开采区直接经济损失为 4461 万元；利用碳平衡法计算出碳排放为 851.79 万吨、碳吸收为 30729 万吨，间接经济损失为 103925 万元。

结合煤炭开采区、盐湖开发区、非金属开采区和柴达木地区人均生态足迹、人均生态承载力、碳排放和碳吸收的计算结果，分析不同条件下的经济损失生态补偿情况。

直接经济损失生态补偿：依据基准期生态足迹和生态承载力计算，煤炭开采区生态经济补偿为 8673 万元，盐湖开发区生态经济补偿为 15914 万元，非金属开采区生态经济补偿为 4461 万元，整个柴达木地区生态经济补偿为 30729 万元。

间接经济损失生态补偿：依据基准期碳排放和碳吸收计算，煤炭开采区生态经济补偿为 12565 万元，盐湖开发区生态经济补偿为 48147 万元，非金属开采区生态经济补偿为 45706 万元，整个柴达木地区生态经济补偿为 10392 万元。

5.5 本章小结

柴达木地区是资源富集区，不同资源在开采的过程中对生态环境造成的损坏不同，制定的生态补偿标准也应该不同。本章基于三种资源开采过程探索生态补偿标准的差异，用生态足迹法和碳平衡法核算出直接经济损失和间接经济损失，然后比较分析煤炭、盐湖和非金属开采过程的直接经济损失和间接经济损失，确定生态补偿标准。

柴达木地区的四个工业园区中，乌兰循环经济工业园和大柴旦循环经济工业园主要利用煤炭资源。本书对煤矿生态补偿的标准化将以这两个区域为主要对象。柴达木盐湖开发区主要位于格尔木循环经济工业园，柴达木非金属开采区主要位于德令哈循环经济工业园。

　　本章基于乌兰大柴旦煤炭开采、格尔木盐湖开采和德令哈非金属开采三种资源开采过程探索生态补偿标准的差异。从生态环境损害类型入手分别计算生态经济损失，并用生态足迹法和碳平衡法核算出直接经济损失和间接经济损失。煤炭开采区的生态环境损害类型有土地损害、水资源的污染与破坏、大气污染和固体废弃物对生物圈的污染四种，生态经济损失共为 21238 万元，其中直接损失为 8673 万元，间接损失为 12565 万元。盐湖开发区的生态环境损害类型有水资源的损害、土壤资源的损害和植被的损害三种，生态经济损失共 64061 万元，其中直接经济损失为 15914 万元，间接经济损失为 48147 万元。非金属开采区生态经济损失共 60167 万元，其中直接经济损失为 4461 万元，间接经济损失为 45706 万元。整个柴达木地区的生态经济损失为 134654 万元，其中直接经济损失为 30729 万元，间接经济损失为 103925 万元。从煤炭的开采、盐湖的开采和非金属的开采可以看出，柴达木地区不同的资源开发导致的直接、间接经济损失不同，比较分析直接经济损失和间接经济损失的差异，可确定生态补偿标准。

6

柴达木地区动态补偿标准测算

前文已经详细介绍了关于动态补偿的思想和柴达木地区动态补偿的内容以及测算方法。本章将测算柴达木地区不同资源开发过程中的动态补偿标准，为柴达木地区生态补偿标准化系统的构建搭建桥梁。确定生态补偿标准时须从保护和持续利用的双重角度来考虑[54]。研究过程中充分体现系统的思想、理论和方法的运用，从区域资源开发生态经济系统的分析与构建，到运用系统动力学方法对资源开发生态经济系统运行过程的模拟和优化，再到系统思想指导下的区域资源开发生态补偿的系统控制管理机制的建立，全面体现系统思想、系统科学与方法的应用[55]。

6.1　柴达木地区动态补偿的内容

所谓生态环境动态补偿，是指为了减少过程性损失，针对人类生产活动的全过程，采用时时预防措施来降低生态环境损毁，取代先损毁后治理的补偿策略，从而既达到减少生态补偿费用，又达到生态美观、环境友好、社会和谐、经济可持续发展的目的[56]。

6.1.1　柴达木地区动态补偿的意义和实现

生态补偿尤其以时间特征对生态补偿的影响较大。在生态环境损毁至完全恢复这一时段内，一直存在着生态服务的损失，采用何种补偿策略，决定了生态环境恢复效果和生态服务损失量大小。矿产资源开采对生态环境的损毁是一个伴随矿区生命周期的过程，同时生态恢复也是一个漫长的过程，因此，时间尺度是生态补偿不可回避的问题。

动态补偿是基于直接损失和间接损失的时间维度提出的。以煤炭开采为例，由于煤炭开采的特殊性，地面塌陷损毁是一个时间较长的过程，而由塌陷至塌陷稳定，再到立项、可研、设计、反复审批、施工、验收、质量恢复等过程漫长，生态系统服务损失量大，以此为依据的生态补偿也较大。如果依据开采沉陷预测和动态规划利用思路，采取动态的补偿策略，则生态损毁程度小，生态恢复时间短，生态补偿也会较小。直接经济损失补偿是投入物质和能量正向干预受损生态系统，使之逐渐走向平衡和稳定的熵减过程，是生态系统自然恢复过程和人工干预过程的综合。间接经济损失补偿是对因生态系统功能受损而造成的居民生活质量、精神感受等方面损害的赔偿。自然恢复过程与人工干预过程的协调、恰当地结合才能够降低生态补偿的投入，这需要充分了解生态系统受损规律和程度，生态系统恢复（重建）的预期和过程。生态补偿有很大的主观不确定性，也因此在生态环境负外部性补偿方面少有实践。然而，随着人民生活水平不断提高，环保和维权意识不断增强，生态补偿逐渐走上台前，涉及的数额也将是巨大的。

柴达木地区生态环境动态补偿的基本出发点是资源开采，选取由资源开采造成的生态环境污染和耕地破坏为指标，以生态环境实测损失量为补偿额度标准，进而测度矿区的生态系统服务功能价值和生态环境恢复成本。在重视生态系统服务损失补偿的基础上，综合考虑矿企效益和矿区居民利益。柴达木地区动态补偿具有重要的现实意义。

6.1.2　柴达木地区动态补偿的对象及范围和内容

柴达木地区动态补偿测算系统涉及众多子系统，包括资源年开采量子系统、经济成本子系统、耕地生态价值子系统和补偿治理收益子系统等，各子系统间相互联系、相互作用，各因素变量随时间和空间的变化而变化，因此整个柴达木地区生态价值测算仿真模型是个复杂的大系统。动态补偿研究的对象及范围包括柴达木地区的煤炭开采区、盐湖开发区、非金属开采区以及所有涉及资源开发的区域。

　　动态补偿研究内容包括生态价值量、生态恢复成本、直接经济损失、间接经济损失等。本书在参考前人研究成果的基础上，运用系统动力学专用软件 Vensim 确定系统运行的状态、流位、速率变量、辅助变量、方程等，分别构建柴达木地区煤炭开采动态补偿、盐湖开采动态补偿、非金属开采动态补偿以及柴达木地区动态补偿系统动力学模型。

6.2　柴达木地区动态补偿的系统动力学建模

　　系统动力学的应用范围几乎遍及各个领域，一切存在联系与发展并且存在内部结构的系统都可运用系统动力学的方法来进行研究。矿产资源开发补偿体系构成具备系统的特性，各个部分相互关联并处于运动和发展之中，因此可运用该方法研究[57]。

6.2.1　建模目的和步骤

　　柴达木地区生态补偿标准动态测算涉及矿区生态环境治理方式、煤炭开采量、污染物、耕地、塌陷地、复垦面积及政策因素等诸多方面，是个因子众多而复杂的大型系统。其大量数据存在交叉、重叠、混合的现象，主次相互隐含并随时间不断变动出现相应的复杂变化，其内部关系也难利用常规解析方法来构造数学模型。因此，利用系统动力学的仿真技术进行系统动态模拟，具有较高的可行性和科学性。

　　利用系统动力学的理论、方法和原理，系统分析所研究的问题，明确工作任务和研究目的，确定建模所要处理的问题和发展的目标。通过初步分析问题的结构方案，判定系统将会出现的期望结果，然后再综合分析系统有关特征，确定系统所要解决的问题，描述与问题有关的各个状态量，对系统界限进行科学划定，进而确定适当的系统变量。

　　（1）确定边界。

　　对资源开采不同的补偿策略进行生态系统服务功能价值及经济成本比

较分析，寻找较优补偿策略和模式。该部分主要分析三种不同的补偿策略，对于分析框架进行界定，第一种，"先损毁后补偿"，闭矿时一次性补偿的生态环境静态补偿策略；第二种，在煤矿开采过程中，根据需要分多次对治理条件相对成熟的局部进行生态环境综合整治的过渡类型补偿策略；第三种，"边开采边补偿"的预防性治理的动态补偿策略。

对于三种不同的资源开采区，本书不再区分差别，统一考虑各区域的生态环境价值，以耕地的生态系统服务功能价值作为中心参考量，以环境的实际损失量（包括水污染、空气污染、废渣污染的负效应，也称之为环境服务功能价值补偿额度）作为重要参考量，用耕地的生态系统服务功能价值减去环境功能的实际损失量，作为矿区的生态系统服务功能价值。对于资源开采区环境治理的经济成本，由企业对土地复垦的投资费用和污染物治理的投资额构成，即矿区环境治理的生态成本＝废气处理投资额＋矿井水处理投资额＋废渣处理投资额＋土地复垦投资额。对于资源开采区的耕地面积，耕地面积减少量以土地塌陷面积作为中心参考量，用耕地面积减少率对其进行修正，而耕地面积增加量以土地复垦面积作为中心参考量，用耕地面积增加率对其进行修正。

（2）界定系统。

资源开采区生态系统服务功能价值是指煤炭在利用过程中对环境造成的影响，如煤炭的开采对水体、大气和土地产生的各种影响。因此，资源开采区生态系统服务功能价值由耕地生态系统服务功能价值的正效应，以及"三废"排放的负效应构成。由此，测算不同复垦治理模式的资源开采区生态系统服务功能价值的大小及趋势，需要寻找较优补偿策略和补偿方式。

（3）因果关系分析。

因果关系分析即系统存在的结构分析，划分系统的层次与子块，并确定总体与局部的反馈机制。系统动力学是基于系统角度来处理相关研究对象的，借用反馈动力学原理，采用反馈环作为系统基本组件，并对多个反馈环进行交叉组合，从而建立复杂的待分析系统。

系统动力学从因果关系图视角来分析系统中各要素之间相互作用的因果关系。因果关系分析将系统中的各要素通过箭头连接起来。对于耕地生态系统服务功能价值，随着资源开采区煤炭的开采，导致土地塌陷面积增加，由此直接减少耕地面积，最后导致耕地生态系统服务功能价值减少。

（4）建立系统流图。

构成系统流图的基本要素包括流位、流率、流线、决策机构等。流位用以描述系统内状态，是系统内的定量指标，如本模型中的"生态系统服务功能价值量""经济成本"等。流率用于对在单位时间内系统实体流量变化率的描述，如本模型中的"耕地面积增加""经济成本"等。流线用于对系统控制模式的确立，一般物流用实线表示，信息流用虚线表示。决策机构是基于流位传来的相关信息所构建的决策函数，一旦把决策机构量化，就可以通过计算机进行系统仿真。

（5）构造方程式。

各变量之间的数学函数关系是基于系统反馈关系和各变量的数据来确定的。

（6）运行模型与分析仿真结果。

根据建立的方程式，对系统模型进行运行。以 Vensim 建模软件作为分析工具对本模型进行模拟。通过对模拟结果进行分析，不仅可以发现系统存在的构造错误及缺陷，还可以找出造成错误及缺陷的原因，然后又反作用于系统进行模型改造。根据对结果分析的情况，如有需要就可以对模型进行修改或修正，然后再进行仿真模拟实验，直至得到期望的满意结果。

6.2.2 煤炭开采动态补偿的 SD 模型

煤炭开采动态补偿的 SD 模型从煤矿企业的煤炭开采出发，选取由煤炭开采造成的生态环境污染和牧草地破坏为指标，以生态环境实测损失量为补偿额度标准，测度资源开采区的生态系统服务功能价值和生态环境恢复成本。在重视生态服务功能损失补偿的基础上，综合考虑煤矿企业效益和资源开采区居民利益对于资源开采区的生态环境价值，以牧草地的生态系统服务功能价值作为中心参考量，以环境的实际损失量（包括水污染、空气污染、废渣污染的负效应，也称之为环境服务价值补偿额度）作为重要参考量，用牧草地的生态系统服务功能价值减去环境功能的实际损失量，作为资源开采区的动态补偿量。

如前所述，煤炭资源的开采给煤炭资源开采区带来的生态环境损失指标是指给资源开采带来的以下六个方面环境损失的平均值，一是土地破坏；二是植被破坏；三是水体污染和破坏；四是大气污染；五是重金属污染；六是水土流失和土地沙漠化[58]。

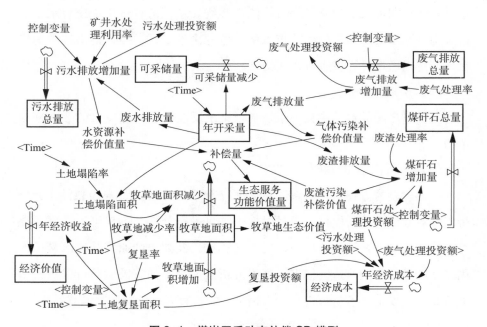

图6-1　煤炭开采动态补偿 SD 模型

模型选用的变量有废水排放量、矿井水处理利用率、污水处理投资额、污水排放总量、水资源补偿价值量、废气排放量、控制变量、废气排放增加量、废气处理率、废气排放量、废气处理投资额、气体污染补偿价值量、年开采量、可采储量、可采储量减少、废渣排放量、煤矸石增加量

（控制变量）、煤矸石总量、废渣处理率、煤矸石处理投资额、废渣污染补偿价值、土地塌陷率、土地塌陷面积、土地复垦面积、复垦率、年经济收益、经济价值、生态服务功能价值量、经济成本、年经济成本等。根据煤炭开采特点构建动态补偿 SD 模型（图 6-1），煤矿开采回路的状态变量是可采储量，通过其他辅助变量和速率变量相互联系，构成煤炭开采动态补偿补偿 SD 模型一个主反馈环。从煤炭可采储量来源可以看出，煤炭可供开发利用的已探明矿产资源储量取决于本地区未来一定时期内新增资源的补充规模和速度。未来预期可能增加的资源储量比较丰富，则一定时期内可以规划开发的资源量就大一些；同时，已探明资源量的大小会直接影响到柴达木地区生态环境承载水平及本地区矿产资源供应量。

从补偿量因果关系图（图 6-2）可以看出，一定时期内柴达木煤炭开采的动态补偿量取决于该地区煤矸石增加量、废气排放量和污水排放增加量。这三个变量分别与废渣处理率、废渣排放量、废水排放量、矿井水处理利用率、废气处理率、废气排放量、控制变量有关，终端与年开采量有关。从而可以看出，一定时期内柴达木煤炭开采补偿量最终取决于该地区年煤炭开采量。

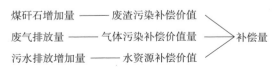

图 6-2　煤炭开采区动态补偿量因果关系图

6.2.3　盐湖开发动态补偿的 SD 模型

对盐湖开发区生态经济损失的研究是一项非常复杂的工程，因其涉及变量较多，范围较广，需要考虑的问题主要集中在生态、经济、环境及人口等方面。这就要求必须从大的、系统的、全面的角度进行分析，而区域性系统具有一定的动态性、信息反馈性、复杂性，系统动力学方法正好解决了这一难题。通过因果关系图来实现各因素之间的反馈关系，流图描述了系统内部各种非线性要素之间的方程式关系，系统动力学方法还可以定量化地仿真模拟出在不同情境下实际系统的行为，从而得出不同时域下的预测值，测算盐湖开发区生态经济损失值就可以运用此方法来实现[59]。

　　盐湖开发区动态补偿 SD 模型（图6-3）用于测算动态补偿量的大小，研究对象是盐湖开发区的生态经济价值和生态经济损失，范围包括柴达木地区盐湖开发过程中涉及的所有生态问题。盐湖开发区动态补偿 SD 模型中涉及的指标与煤炭开采 SD 模型的区别有卤水处理利用率、土地盐碱面积、土地盐碱化率等，分析可知各指标之间的反馈关系，如土地盐碱面积的增加使得牧草地面积减少，从而减少牧草地的生态价值；废水、废气、固体废物排放量的增加使得环境污染增加，进而影响固废污染补偿价值、水资源补偿价值和气体污染补偿价值量，它们是动态补偿的主要组成。根据《青海省统计年鉴 2015》和《海西州统计年鉴 2015》中的盐湖开发区生态经济发展的相关数据，结合指标评价体系和因果关系图，对指标进行定量标准化处理，构建柴达木地区生态经济损失系统动力学模型。

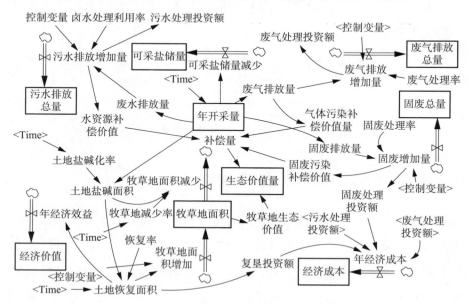

图6-3　盐湖开发动态补偿 SD 模型

仿真模型中包含盐湖开发过程中导致土地盐碱化面积变化的过程如图6-4所示。

图6-4 盐湖开发区土地盐碱化来源决定树

6.2.4 非金属开采区动态补偿的SD模型

非金属开采动态补偿SD模型（图6-5）中主要考虑尾矿处理、土地盐碱化以及大气污染带来的环境损失，模拟动态补偿量的值。

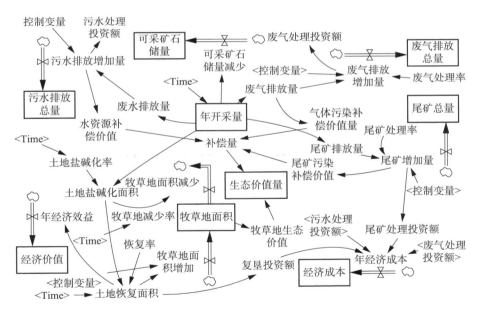

图6-5 非金属开采动态补偿SD模型

仿真模型中包含非金属开发过程中尾矿堆砌导致的固体废弃物增加的过程，如图6-6所示。

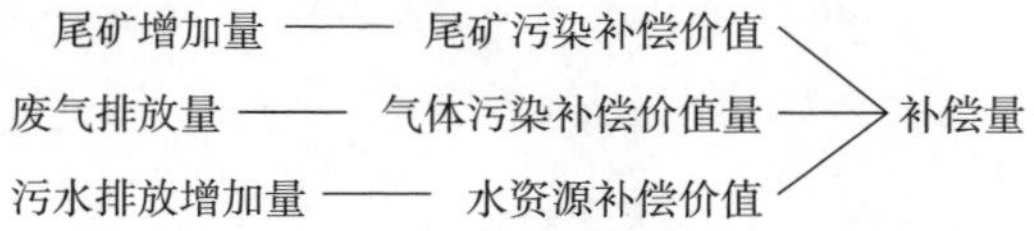

尾矿增加量 —— 尾矿污染补偿价值
废气排放量 —— 气体污染补偿价值量 —— 补偿量
污水排放增加量 —— 水资源补偿价值

图 6-6　非金属开采区动态补偿量来源决定树

6.3　柴达木地区动态补偿生态损失及成本仿真分析

6.3.1　模型有效性检验

　　模型的检验主要从模型的真实性和有效性两方面入手，遵循两个原则：第一，模型不可能恰好是现实的精确再现，要求它较好地符合历史测量数据，而且能够预测未来的变化趋势；第二，有效性是个相对的概念，应该与其他模型相比较，用实践进行检验。

　　系统动力学模型一般通过与历史数据比较，计算相对误差和均方百分比误差来检验模型的仿真效果。本书选取煤炭开采区 2010—2015 年煤炭年开采量和牧草地面积两个主要变量的仿真结果与实际的历史数据相比较来检验模型效果，见表 6-1。

表 6-1　2010—2015 年柴达木煤炭开采区牧草地面积历史检验

年份	仿真值	实际值	误差率
2010	653809	653809.1	-0.001
2011	653452	653519.67	-0.6767
2012	653097	653469.89	-3.7289
2013	652741	652262.37	4.7863
2014	652386	652157.37	2.2863
2015	652030	652156.97	-1.2697

　　表 6-1 显示，煤炭开采区的牧草地面积估计值和真实值的相对误差控制在 5% 以内，综合考虑社会政策、人为因素、环境的随机性，模型模拟

效果比较理想。

6.3.2 动态补偿仿真分析

根据煤炭开采区的实际情况，以 2010 年为基年进行预测，设定模拟时间为 2010—2050 年，步距为 1 年，模拟背景为资源开采区经济平稳发展，牧草地损失合理进行。根据构建的三个动态补偿 SD 模型，得到煤炭开采区的动态补偿额、盐湖开发区的动态补偿额、非金属开采区的动态补偿额的仿真结果。

2015 年柴达木煤炭开采区共采原煤 138.76 万吨，根据模型约导致 8.33 万公顷土地塌陷（大部分为牧草地），SD 模型运行得到煤炭开采动态补偿额，见表 6-2。

表 6-2 柴达木煤炭开采区动态补偿额仿真值　　　　单位：万元

年份	动态补偿额	年份	动态补偿额	年份	动态补偿额	年份	动态补偿额
2010	7602.83	2020	7602.83	2030	7396.61	2040	6846.7
2011	7568.46	2021	7602.83	2031	7362.24	2041	6777.96
2012	7602.83	2022	7568.46	2032	7327.87	2042	6674.85
2013	7602.83	2023	7568.46	2033	7259.13	2043	6606.11
2014	7637.19	2024	7534.09	2034	7259.13	2044	6434.27
2015	7602.83	2025	7534.09	2035	7190.39	2045	6365.53
2016	7602.83	2026	7534.09	2036	7121.65	2046	6262.42
2017	7602.83	2027	7499.72	2037	7087.28	2048	6021.83
2018	7602.83	2028	7465.35	2038	6984.18	2049	5918.73
2019	7637.19	2029	7430.98	2039	6949.81	2050	5781.25

根据第 4 章分析可采盐储量为 1042.8 亿吨，卤水处理率为 0.01 等，运行模型并进行历史检验，得到盐湖开发区动态补偿额仿真值，见表 6-3。

表 6-3　盐湖开发区动态补偿额仿真值　单位：万元

年份	动态补偿额	年份	动态补偿额	年份	动态补偿额	年份	动态补偿额
2011	5097	2021	5120	2031	4958	2041	4565
2012	5120	2022	5097	2032	4935	2042	4495
2013	5120	2023	5097	2033	4889	2043	4449
2014	5143	2024	5074	2034	4889	2044	4333
2015	5120	2025	5074	2035	4842	2045	4287
2016	5120	2026	5074	2036	4796	2046	4217
2017	5120	2027	5051	2037	4773	2047	4148
2018	5120	2028	5028	2038	4704	2048	4055
2019	5143	2029	5004	2039	4680	2049	3986
2020	5120	2030	4981	2040	4611	2050	3893

　　利用非金属牧草地面积为 1492325 公顷，尾矿处理率 0.02 等数据，添加方程运行模型并模拟得到非金属开采区动态补偿额，见表 6-4。

表 6-4　非金属开采区动态补偿额仿真值　单位：万元

年份	动态补偿额	年份	动态补偿额	年份	动态补偿额	年份	动态补偿额
2011	9224	2021	9266	2031	8972	2041	8260
2012	9266	2022	9224	2032	8931	2042	8135
2013	9266	2023	9224	2033	8847	2043	8051
2014	9308	2024	9182	2034	8847	2044	7842
2015	9266	2025	9182	2035	8763	2045	7758
2016	9266	2026	9182	2036	8679	2046	7632
2017	9266	2027	9140	2037	8637	2047	7506
2018	9266	2028	9098	2038	8512	2048	7339
2019	9308	2029	9056	2039	8470	2049	7213
2020	9266	2030	9014	2040	8344	2050	7046

　　通过表 6-4 可知，经过模型预测，2011—2050 年非金属开采区动态补偿在不断下降，分析其原因，应该是国家和青海省对生态保护的力度加大，尾矿处理率提高所致。动态补偿量仿真模拟值从 2011 年的 9224 万元

变化至 2050 年的 7046 万元。

6.4　本章小结

动态补偿是基于直接损失和间接损失的时间维度提出的。生态环境动态补偿是为了减少过程性损失，针对人类生产活动全过程，采用时时预防措施降低生态环境损毁，取代"先损毁后治理"的补偿策略，从而既减少生态补偿费用，又创造生态美观、环境友好、社会和谐、经济可持续发展的发展模式。动态补偿是基于直接损失和间接损失的时间维度提出的。

柴达木地区动态补偿测算系统涉及众多子系统，包括资源年开采量子系统、经济成本子系统、耕地生态价值子系统和补偿治理收益子系统等。各子系统间相互联系、相互作用，各因素变量随时间和空间的变化而变化，因此整个柴达木地区生态系统价值仿真测算是个复杂的大系统测算。动态补偿研究对象及范围包括柴达木地区的煤炭开采区、盐湖开发区、非金属开采区及所有涉及资源开发的区域。

动态补偿研究内容包括生态价值量、生态恢复成本、直接经济损失、间接经济损失等。本书在参考前人研究成果的基础上，运用系统动力学专用软件 Vensim 确定系统运行的状态、流位、速率变量、辅助变量、方程等，分别构建柴达木地区煤炭开采动态补偿、盐湖开采动态补偿、非金属开采动态补偿以及柴达木地区动态补偿系统动力学模型。

柴达木地区生态环境动态补偿的基本出发点是资源开采，选取由资源开采造成的生态环境污染和耕地破坏为指标，以生态环境实测损失量为补偿额度标准，测度开采区的生态系统服务功能价值和生态环境恢复成本。在重视生态系统服务损失补偿的基础上，综合考虑资源开采效益和资源开采区居民利益。因此，柴达木地区动态补偿具有重要的现实意义。动态补偿研究内容包括生态价值量、生态恢复成本、直接经济损失、间接经济损失等。本书在参考前人研究成果的基础上，运用系统动力学专用软件Vensim确定系统运行的状态、流位、速率变量、辅助变量、方程等，分别构建柴达木地区煤炭开采动态补偿的 SD 模型、盐湖开采动态补偿的 SD 模型、非金属开采动态补偿的 SD 模型，并通过构建模型的牧草地变量值，从模型的真实性和有效性两方面入手，对模型进行检验并进行动态臂长仿真的分析。根据构建的三个动态补偿 SD 模型，得出煤炭开采区 2010—2050 年的动态补偿，其中 2017 年的动态补偿额为 7602.83 万元，2050 年的动态补偿额为 5781.25 万元；盐湖开发区 2011—2050 年的动态补偿，其中 2017 年的动态补偿额为 5120 万元，2050 年的动态补偿额为 3893 万元；非金属开采区 2011—2050 年的动态补偿，其中 2017 年的动态补偿额为 9266 万元，2050 年的动态补偿额为 7046 万元。

7

柴达木地区生态补偿绩效评估

生态补偿是各利益相关方相互博弈的过程，是涉及生态、经济、社会和政策法规等内容的复杂工程。作为柴达木地区生态补偿单环管理的最后一项内容，生态补偿绩效评估非常重要，且评估难度巨大。柴达木地区生态补偿绩效评估是以提高生态补偿的质量、效率和公平性为目的的，本质是对柴达木地区生态补偿内涵、方向、路径的经济分析过程，发现补偿过程中存在的问题，从而及时对其进行纠正和改进。

7.1 生态补偿绩效评估的必要性

由于我国财力不足，现阶段的生态补偿无法按生态系统服务功能价值来进行补偿。按前述的生态系统补偿标准计算模型，即使是以成本法为基础进行补偿的话，也需要考虑生态产品所发挥的生态效益，而且也不排除在我国经济发达、财力雄厚时，以生态产品所提供的生态系统服务功能价值作为补偿标准。因而逐步建立生态环境资源价值评估制度是很有必要的。健全生态系统服务功能价值评估制度，一方面，可以提高社会各界对享用生态效益要付费的意识，督促全社会自觉保护生态环境；另一方面，可以为生态补偿或相关生态产品的市场交易确定交易价格基础。确立生态系统服务功能价值评估制度，应注意以下关键问题：首先，应建立专门的价值评估机构。由于生态产品的价值评估非常复杂，有时要借助于遥感等技术的运用，其价值评估往往要由生态学及具有相关专业知识的专家、学者才能做出。现阶段比较现实的做法是由政府牵头成立专门的价值评估机构，组织有关专家学者进行生态产品的价值评估工作，并由政府支付相应的评估费用。待时机成熟，也可以考虑成立会计师事务所一类的中介机构作为专门的价值评估机构，因为这类中介机构不挂靠任何单位，具有独立性，所评估出的结果更加客观真实，但是对这种价值评估机构的资质及从业人员的资质必须严格限定。其次，应完善价值评估方法体系。只有采用科学的评估方法才能得出恰当、科学的评估结果，从长远看，完善的价值评估方法体系的关键是健全生态补偿机制，合理确定生态补偿标准。然而目前理论界关于生态系统服务功能价值评估的方法种类较多，争议较大，尚需要一定时间来取得共识。因此可通过借鉴国际上比较先进的生态系统服务功能价值评估方法，建立起一套适合我国国情的、综合性的生态系统服务功能价值评估方法。生态补偿绩效评价涉及多方利益，需要制定科学的评价原则，引导资源开发生态补偿资金的投入方向与使用范围，确定生态补偿绩效评价框架和构建生态补偿绩效评价指标体系。生态补偿绩效评价要体现出正确的价值观，建立科学的生态补偿绩效评价体系，制定合理的资源开发规划。通过生态补偿绩效的评价，健全监控和责任追究制度，引导地方政府和企业在生态补偿条件下协调生态屏障保护、企业发展和城镇居民生活改善的关系，使政府和企业之间的利益博弈由非合作转向合作均衡博弈，以保障草地生态补偿能够有效地促进柴达木地区生态、经济和社会的协调与可持续发展[60]。

7.2 柴达木地区生态补偿综合绩效评价指标体系

由于生态补偿标准的确立依据缺乏统一的理论基础，而且学界对生态补偿标准的评估方法存在多学科、多角度、多方法混用的状况，所以即使同一研究对象的生态补偿标准也有较大差异，不利于生态补偿实践的政策制定[61]。

对生态损害的评估需要评估指标体系、评估方法、评估流程等，确定生态补偿的标准，并以生态补偿标准为依据，提出生态补偿主体应缴纳的生态补偿费用。在补偿完成后，对生态补偿的效果进行后续评价和综合考评。监督办公室负责制定对生态补偿主体和补偿对象的行为约束和激励的相关政策，对生态补偿全过程实施监督和管理。补偿资金管理办公室负责收缴、管理、使用生态补偿资金。各级政府税务部门依法收取生态补偿资金；环保、交通运输、农业相关主管部门结合各自部门的职责，指导并监督生态补偿费的使用；财政、税务、司法部门依据监管办公室的意见，对补偿主体和补偿对象实施奖励或处罚。

国内生态补偿绩效的相关研究主要集中于绩效指标体系的构建、绩效评价等方面。指标的设置大同小异，其中社会效益中的农户观念变化这一指标尤为重要，它能够反映出农户对政策的接受度和参与意愿。政策影响对象（即政策客体人群）能否接受政策是评价政策绩效至关重要的标准，即政策的可接受性是公共政策绩效评价的重要指标，反映出方案及方案措施的合理程度[62]。柴达木地区生态补偿综合绩效评价指标的选取应遵循可持续发展原则，均衡协调发展原则，公平、公正和有效性原则，分类评价原则，以及评价指标体系的科学性原则。

根据以上原则，考虑到生态补偿相关理论及数据可得性等客观情况，本章构建了柴达木地区资源开采区生态补偿的评价的二级指标：生态环境保护情况、经济发展情况、地方政府财政状况及居民收入分配情况。生态环境保护情况包括耕地面积，林木面积，草地面积，自然保护区面积，环境治理投入，工业废弃物碳排放量，城镇废弃物排放量，荒漠造林、种草面积指标；经济发展情况包括生产总值、农业增加值、林业增加值、畜牧业增加值；地方财政状况包括一般预算收入、税收、一般预算支出、教育支出；收入分配情况包括居民存款、农村居民人均纯收入和城镇居民可支配收入。详细指标见表7-1。

表 7-1 柴达木地区生态补偿绩效评价指标

目标层	准则层	指标层
柴达木地区 生态补偿绩效 A	生态环境保护情况 B1	耕地面积 B11
		林木面积 B12
		草地面积 B13
		自然保护区面积 B14
		环境治理投入 B15
		工业废弃物碳排放量 B16
		城镇废弃物排放量 B17
		荒漠造林、种草面积 B18
	经济发展情况 B2	生产总值 B21
		农业增加值 B22
		林业增加值 B23
		畜牧业增加值 B24
	地方政府财政状况 B3	一般预算收入 B31
		税收 B31
		一般预算支出 B32
		教育支出 B33
	居民收入分配情况 B4	居民存款 B41
		农村居民人均纯收入 B42
		城镇居民可支配收入 B43

（1）生态环境保护情况。

生态环境保护情况是资源开采生态补偿绩效评价中的重中之重，本书以耕地面积、林木面积、草地面积、自然保护区面积反映柴达木地区总体生态情况，环境治理投入、工业废弃物碳排放量、城镇废弃物排放量等反映当地的环境治理状况。

（2）经济发展情况。

生态补偿不是片面的环境保护，而是以经济、社会、生态环境全面协调发展为目的的，因此在评价柴达木地区生态补偿的绩效时，需要将相关经济指标考虑在内。由于补偿主要是针对柴达木地区的生态系统，因此我们选取生产总值、农业增加值、林业增加值、畜牧业增加值来表示。

（3）地方政府财政状况。

地方财政的收支状况是影响当地政府生态建设的重要因素，同时柴达木地区生态补偿的一种方式也包括对地方财政的补贴，所以财政状况的指标被纳入总体绩效评价之中。考虑到地区教育状况对当地居民参与生态环境建设具有重要影响，因此以教育支出、一般预算收入、税收、一般预算收入四个指标共同反映财政状况。

（4）居民收入分配情况。

收入分配状况主要关注的是生态补偿实施后对柴达木地区发展机会损失的经济补偿，主要以居民存款表示农民财富，分别以农村、城镇居民人均纯收入表示收入分配状况。

7.3　数据来源及方法选择

7.3.1　数据来源

根据柴达木地区资源开发的实际情况，本书以煤炭开采区、盐湖开发区和非金属开采区为统计对象进行资源开发生态补偿制度实施后的成效分析。本书中有较多数据存在收集滞后期，考虑到论文统一性，因此统一使用 2015 年为数据截止日时期，本书主要以 2010—2018 年《海西统计年鉴》为参考数据，见表 7-2。研究使用的指标包括人均 GDP、GDP 增长率、城镇居民人均可支配收入、农村居民人均纯收入、环境投资总额、人均农业面积、工业二氧化硫排放量等。其中，经济数据（人均 GDP、GDP 增长率、城镇居民人均可支配收入、农村居民人均纯收入）反映分配以及补偿政策对收入的影响；环保数据（环境投资总额）反映当地环保重视程度；面积数据（人均农业面积）反映政策直接考核指标；污染数据（工业二氧化硫排放量）反映当地环境污染状况。

本书附表 2 中详细给出了选用指标以及各指标的原始数值，选取的指标包括生产总值、农业总产值、林业总产值、牧业总产值、耕地面积、林地面积、草地面积、水域及水利设施用地面积、地方公共财政支出、农牧民人均纯收入、城镇居民人均可支配收入、农林水事务支出、工业二氧化硫排放量、废水排放总量、教育支出，以及税收收入。由于篇幅关系指标原始数值在此不赘述。

表 7-2　2010—2018 年柴达木地区经济环境发展

指标	农村居民人均纯收入（元/人）	城镇居民人均可支配收入（元）	环境投资总额（万元）	人均农业面积（公顷/人）	工业二氧化硫排放量（吨）	人均 GDP（元）	GDP增长率（%）
2010	5434	16759	20255	24.2	23155	78180	18.3
2011	6574	19007	3564	24.2	35326	97747	19
2012	7916	21252	5688	24.1	31984	114871	17
2013	9183	23399	8824	23.9	31182	110800	10.7
2014	10294	25453	11308	23.7	32051	101767	1.5
2015	10582	25419	16670	23.4	35069	87030	-14.14
2016	11203	27720	18862	0.12	37756	95314	8.5
2017	12312	30233	19864	0.11	38135	102391	9.5
2018	12389	32718	20120	0.1	40368	120966	8.3

数据来源：2010—2018 年《海西州统计年鉴》。

表 7-2 的数据表明，柴达木地区的 GDP 增长率从 2010—2015 年呈现逐年降低的趋势，且到 2015 年呈现负增长。柴达木地区人民的生活水平在 2010—2018 年得到了提高，生活质量得到改善，城镇居民人均可支配收入从 16759 元增加到了 32718 元，农牧民人均纯收入从 5434 元增加到了 12389 元。环境投资总额不断增多，从废物利用、污水处理、使用新能源、扩大绿色面积等方面着手改善环境。工业二氧化硫的排放量得到稳步控制，从 2010 年的 23155 吨缓慢增加到 2018 年的 40368 吨，环境恶化得到控制。

7.3.2　主成分分析

主成分分析法是一种常用的降维方法，它通过正交交换来将原来的多个随机向量转化为各不相关的新向量，并通过代数方法将原向量的协方差转变为三角矩阵，使得新形成的正交坐标指向最为分散的 p 个正交方向，然后对变量进行降维处理，从而完成将多个变量凝练成少数变量。其计算步骤如下。

（1）数据标准化处理。

先对指标绝对值进行标准化无量纲处理。为剔除数据的异质性，对不同单位、不同度量方法的指标进行数据标准化。生态补偿绩效评价体系多是指标绩效评价体系，变量指标性质、计量单位均有很大差异，因此，本书将采用标准差标准化法，即：

$$X'_i = \frac{(X_i - \overline{X})}{S_i} \tag{7-1}$$

（2）相关系数矩阵的计算。

R_{ij} 表示 X_i 与 X_j 的相关系数，有：

$$R_{ij} = \frac{\sum_{k-1}^{n}(X_{ki} - \overline{X})(Y_{kj} - \overline{Y})}{\sqrt{\sum_{k-1}^{n}(X_{ki} - \overline{X})^2 \sum_{k-1}^{n}(Y_{kj} - \overline{Y})^2}} \tag{7-2}$$

（3）特征值与特征向量的计算。

首先求解出特征方程的特征值 λ_i（$i = 1, 2, \cdots, p$），并使其按大小顺序排列，然后分别求出各自对应的特征向量。

（4）贡献与综合绩效得分的计算。

主成分 z_i 的贡献率为：

$$z_i = \frac{R_{ij}}{\sum_{k-1}^{p} R_k} \tag{7-3}$$

综合绩效得分 Z 为：

$$Z = \sum_{i}^{m} \frac{\lambda_i}{\sum_{i}^{m} \lambda_i} \tag{7-4}$$

7.3.3　熵值法

在信息论中，熵是对不确定性的一种度量。信息量越大，这种不确定性出现的概率就越小，从而获得更小的熵；信息量越小，这种不确定性出现的概率也就随之变小，从而得到的熵则越大。基于熵的特性，人们常常借用熵值计算来对一个事件的随机性进行判断，当然也有部分研究者用熵值来分析某个指标的离散度，其计算方法如下：

（1）选取 n 个样本，m 个指标，则 X_{ij} 为第 i 个样本的第 j 个指标的数值。（$i=1$，$2\cdots$，n；$j=1$，2，$\cdots$，m）

（2）指标的标准化处理。对计量单位不一致的异质指标进行同质化处理。

正向指标的标准化公式为：

$$X'_{ij} = \left[\frac{X_{ij} - \min(X_{1j}, X_{2j}, \cdots, X_{nj})}{\max(X_{1j}, X_{2j}, \cdots, X_{nj}) - \min(X_{1j}, X_{2j}, \cdots, X_{nj})} \right] \times 100\%$$

（7-5）

负向指标的标准化公式为：

$$X'_{ij} = \left[\frac{\max(X_{1j}, X_{2j}, \cdots, X_{nj}) - X_{ij}}{\max(X_{1j}, X_{2j}, \cdots, X_{nj}) - \min(X_{1j}, X_{2j}, \cdots, X_{nj})} \right] \times 100\%$$

（7-6）

为便于计算，令 $X'_{ij} = X_{ij}$，可计算第 j 项指标下第 i 个样本占该指标比重：

$$P_{ij} = \frac{X_{ij}}{\sum\limits_{i}^{n} X_{ij}}$$

（7-7）

（3）第 j 项指标的熵值计算。

$$E_j = \left[-\frac{1}{\ln(n)} \right] \times \sum\limits_{i}^{n} P_{ij}\ln(P_{ij})$$

（7-8）

可计算出差异系数：

$$G_j = \frac{1 - E_j}{m - \sum_j^m G_j} \qquad (7-9)$$

（4）求权重值。

计算公式如下：

$$W_j = \frac{G_j}{\sum_j^m G_j} \qquad (7-10)$$

（5）计算综合得分。

通过如下公式可得：

$$S_{ij} = \sum_j^m W_j \times P_{ij} \qquad (7-11)$$

7.4　柴达木地区生态补偿绩效分析

对柴达木地区生态补偿绩效进行评价，首先要了解在柴达木地区实施生态补偿政策后将会产生哪些政策方面的效应，才能明确生态补偿绩效的评价范围。本书从资源开发区生态系统的本质特征出发，围绕生态功能、生产功能、生活功能和经营管理四个层面，分析生态补偿政策在柴达木地区的政策效应，为生态补偿绩效评价提供依据。本书运用 SPSS17.0 统计软件自带的主成分分析模块来对绩效评价指标进行分析，计算出三个主成分因子，表达式如下：

$$F = 0.516843F_1 + 0.21587F_2 + 0.135815F_3 \qquad (7-12)$$

其中，生产总值、工业增加值、林业增加值、畜牧业增加值、一般预算收入、税收、一般预算支出、教育支出、居民存款、人均收入在第一主成份的载荷系数较大，主要反映了经济发展指标，可将 F_1 定义为经济财政能力因子。耕地面积、林木面积、草地面积、自然保护区面积、荒漠造林、种草面积在第二主成分的载荷系数较大，主要反映了生态总体状况，可将 F_2 定义为生态因子；环境治理投入、工业废弃物碳排放量、城镇废弃物排放量在第三主成分的载荷系数较大，主要反映工业污染治理情况，可

将 F_3 定义为环境污染治理因子。

运用主成分分析法可初步计算柴达木地区各市县的农业生态绩效，但是并没有真正体现补偿政策的真实效果。另外，主成分分析法中，指标过于分散、复杂，并不能体现生态补偿所重点关注的经济和生态变化。因此，本书将借助熵值法，结合主成分分析法的计算结果，以补偿目的为导向，重点考察生态补偿理论所关注的生态环境改善与公平发展两项指标，对生态绩效进行重新估算。考虑"谁收益，谁补偿；谁污染，谁补偿"是生态补偿的核心原则，本书在构建生态绩效时，重点从促进生态环境的改善、促进公平的发展权利两方面进行指标构建。

（1）经济发展状况。

选用区域生产总值作为反映经济现状的指标；GDP 增长率作为经济发展水平、发展速度的重要指标；引入城镇、农村的人均收入作为公平发展的重要指标。

（2）生态环境保护。

选取人均农业面积、当年植树造林面积作为农业状况指标；选取环境治理投入作为当地环保努力程度的指标；选取工业废弃物排放量作为第二产业环境污染状况的指标；

考虑 SPSS 软件在计算熵值权重时较为麻烦，因此本书使用 SAS 软件中的熵值模型来计算，可以得到各绩效指标的权重，见表7-3。

表7-3　柴达木地区农业生态补贴绩效评价指标及其权重

目标层	准则层	指标层
柴达木地区资源开采区生态补偿绩效 A1	经济发展状况 B1	GDP 增长率 C1（0.0175）
		城镇、农村的人均收入 C2（0.143）
	生态环境保护 B2	环境治理投入 C3（0.323）
		人均农业面积 C4（0.237）
		当年植树造林面积 C5（0.278）
		工业废弃物排放量 C6（0.025）

从熵值法得出的权重结果来看，该绩效指标体系将绝大多数权重赋予

了生态环境保护，其中生态补偿的目标人均农业面积指标和当年植树造林面积指标为 25.3% 和 26.8%。考虑柴达木地区的农业生态补偿政策的实施时间还比较短，因此农业生态绩效依然以环境效果为主要指标，至于公平发展等更高级阶段的补偿效果并不是当前阶段的主要目标。所以，该权重比较客观地契合了目前农业生态绩效的现状。

研究使用 SAS 软件中的熵值模型来计算，根据熵权法计算的权重，可计算出 2011—2015 年柴达木资源开采区生态补偿综合绩效，见表 7-4。

表 7-4　2011—2015 年柴达木地区资源开采区生态绩效情况

年份	排名	1	2	3
2011	区域	煤炭开采区	盐湖开发区	非金属开采区
	生态绩效得分	0.011	0.010	0.009
2012	区域	盐湖开发区	煤炭开采区	非金属开采区
	生态绩效得分	0.014	0.013	0.010
2013	区域	煤炭开采区	盐湖开发区	非金属开采区
	生态绩效得分	0.018	0.015	0.014
2014	区域	非金属开采区	煤炭开采区	盐湖开发区
	生态绩效得分	0.022	0.021	0.018
2015	区域	非金属开采区	煤炭开采区	盐湖开发区
	生态绩效得分	0.029	0.027	0.027

由表 7-4 可知，柴达木地区各市县受生态补偿政策影响较大，各市县随着时间的推移，政策绩效的得分逐渐增加，且各市县受生态补偿政策的影响程度也存在差异。其中，煤炭开采区在 2011、2013 年均在生态绩效得分上位居第一，分值超过其他地区较多，反映出煤炭开采区生态补偿政策实施较好，2015 年煤炭开采区综合得分有增长趋势。2011—2015 年生态补偿综合绩效，其中在 2011 年煤炭开采区生态绩效得分为 0.011，盐湖开发区生态绩效得分为 0.010，非金属开采区生态绩效得分为 0.009；2012 年盐湖开发区生态绩效得分为 0.014，煤炭开采区生态绩效得分为 0.013，非金属开采区生态绩效得分为 0.010；在 2013 年煤炭开采区生态绩效得分为 0.018，盐湖开发区生态绩效得分为 0.015，非金属开采区生态绩效得分为

0.014；2014 年非金属开采区生态绩效得分为 0.022，煤炭开采区生态绩效得分为 0.021，盐湖开发区生态绩效得分为 0.018；2015 年非金属开采区生态绩效得分为 0.029，煤炭开采区生态绩效得分为 0.027，盐湖开发区生态绩效得分为 0.027。在 2011—2015 年煤炭开采区的生态绩效得分从 0.011 上升到 0.027；盐湖开发区的生态绩效得分从 0.010 上升到 0.027；非金属开采区的生态绩效得分从 0.009 上升到 0.029，上升幅度最大。通过计算生态绩效得分，说明煤炭开采区的生态补偿政策实施较好。这也说明这些地区的政府由于资金、经济扶持重点等因素，对于农业生态补偿政策的落实程度高于其他地区。

相比生态补偿绩效的研究，对生态补偿绩效的影响因素的相关研究相对欠缺。影响环境政策实施及其有效性的因素有很多。针对社会资本及其各要素以外的相关影响因素的研究也相当多，而关于社会资本的研究鲜有，尤其是对环境经济政策方面的研究。就生态补偿政策而言，影响生态补偿项目或政策的成败、效率、有效性和效果的因素更多集中在生态补偿维度、管理体制或外部政策环境等方面，有关社区层面的信任、网络、规范等人文社会因素或社会资本因素对生态补偿绩效影响的研究则相当缺乏[63]。

7.5　本章小结

本章内容主要构建了柴达木地区的生态补偿绩效评估模型。生态补偿绩效评估的本质是对区域生态补偿内涵、方向、路径的经济分析过程，是一种发现补偿过程中存在问题的监督和反馈机制，以便能及时对其进行纠正和改进，从而提高生态补偿的质量、效率和公平性。柴达木地区生态补偿综合绩效评价指标选取应遵循可持续发展原则，均衡协调发展原则，公平、公正和有效性原则，分类评价原则以及评价指标体系的科学性原则。方法选用主成分分析法和熵值法，根据以上原则及柴达木地区实际情况，构建柴达木地区资源开采区生态补偿的评价的二级指标：生态环境保护情况、经济发展情况、地方政府财政状况以及居民收入分配情况等。

柴达木地区的生态补偿的绩效评估以煤炭开采区、盐湖开发区和非金属开采区为对象，以 2010—2018 年《海西统计年鉴》为参考数据，运用SPSS17.0 统计软件中的主成分分析模块来对绩效评价指标进行分析，使用SAS 软件中的熵值模型来计算生态绩效得分。但主成分分析法没有完全体现出生态补偿的效果，所以借助熵值法结合主成分分析法对生态绩效进行估算，得出 2011—2015 年柴达木资源开采区生态补偿综合绩效。在 2011年煤炭开采区生态绩效得分为 0.011，盐湖开发区生态绩效得分为 0.010，非金属开采区生态绩效得分为 0.009；2012 年盐湖开发区生态绩效得分为0.014，煤炭开采区生态绩效得分为 0.013，非金属开采区生态绩效得分为0.010；在 2013 年煤炭开采区生态绩效得分为 0.018，盐湖开发区生态绩效得分为 0.015，非金属开采区生态绩效得分为 0.014；2014 年非金属开采区生态绩效得分为 0.022，煤炭开采区生态绩效得分为 0.021，盐湖开发区生态绩效得分为 0.018；2015 年非金属开采区生态绩效得分为 0.029，煤炭开采区生态绩效得分为 0.027，盐湖开发区生态绩效得分为 0.027。2011—2015 年煤炭开采区的生态绩效得分从 0.011 上升到 0.027；盐湖开发区的生态绩效得分从 0.010 上升到 0.027，非金属开采区的生态绩效得分从 0.009 上升到 0.029，上升幅度最大。通过计算生态绩效得分，说明柴达木地区资源开采区的生态补偿政策实施较好。

8

柴达木地区生态补偿管理模式

根据矿产资源管理的相关政策和法规，政府对矿产资源的开发利用和加工利用进行总体规划部署，通过增加矿业前期投资，做好地质勘查和对矿产资源的保障工作。为此，需要研究矿产管理中的相关问题。从经济学角度看，矿产管理的问题就是矿产的经济权益属性问题，也是由于矿产资源的稀缺性导致资源的优化配置问题，由于矿产资源的消耗性带来的代际公平问题等。研究矿产管理中的资源化、资产化、资本化的"三位一体"管理具有重要的理论与现实价值[64]。生态补偿工作是一项复杂的系统工程。生态补偿管理模式则是规范生态补偿行为的管理手段、程序、管理制度和管理方法的综合体系，是保障区域生态补偿工作顺利开展的重要手段，是区域生态补偿标准化的重要组成部分[65]。

8.1　生态补偿管理模式确立的原则及类型

8.1.1　生态补偿管理模式确立的原则

构建恰当的管理模式要求有原则、有目标，才能达到目的。生态补偿管理模式的确立必须要遵守以下的原则。

（1）成本收益原则。

成本收益原则是项目预期收益与其预支出成本的比，不论是政府的宏观经济决策还是个体的微观经济活动，首先应对其进行价值形式的估算，以此为依据作出决策。此处要着重提出的是，在成本估算中不仅应考虑私人成本，而且重点要考虑社会成本、外在成本，收益估算也要考虑社会收益、外部收益，最后综合比较，优胜劣汰。

（2）公平与效率原则。

环境管理的最终目的是调整人与自然间的关系，是自然资源在人类社会以合理、持续的方式配置，因此在选择、设计、调整方案时，必须考虑配置的公平与效率。公平与效率二者相互联系，有相互促进的一面，也有相互矛盾的一面，这不仅涉及调整的手段，更涉及管理制度本身更深层次的内容。

（3）发展的原则。

创建环境管理制度体系要坚持创新和发展的原则，实现管理制度与时俱进。管理制度要立足当前，谋划长远，使环境管理制度体系符合不断发展变化的实际，具有时代特征。它要求环境管理制度体系既要符合区域目前的实际状况，又要符合区域中长期发展的状况，具有前瞻性和预期性。生态补偿涉及行业面广、政府部门众多，为了整合各部门的专业力量，集中资金解决环境治理难题，应当设立国家级生态环境保护基金，进行统一规划。在统一规划的基础上，将目标和任务分解到有关资源管理部门，组织各部门共同来开展恢复治理工作[66]。

（4）信息公开的原则。

建立生态补偿的科学决策机制，首先要实施信息公开制度。各级政府和有关部门应当定期公布环境信息，生态补偿重点工程项目及其相关的进展情况，以保障生态补偿始终在有效的社会监督下进行。

（5）社会参与的原则。

生态补偿在决策过程必须正视不同利益群体的主张与诉求，并且使不同利益群体的诉求能够在决策过程中显现出来。生态补偿管理模式中必须设计不同利益群体管理补偿过程的板块，增加社会公众参与度。

（6）坚持统一管理、分部门实施的原则。

生态补偿涉及行业面广、政府部门众多，为了整合各部门的专业力量，集中资金解决环境治理难题，应当设立国家级生态环境保护基金，进行统一规划。在此基础上，将目标和任务分解到有关资源管理部门，组织各部门共同开展恢复治理工作。

8.1.2　生态补偿管理模式的一般类型

当环境产生负效应的时候，监测评估机构依据环境管理原则及生态补偿主体具体情况对其行为进行评估分析。以矿产资源开发为例，在产生环境负效应的时候，监测机构根据矿产开发环境管理原则及开发主体的具体情况对其行为进行评估分析，并界定环境破坏及污染者、资源保护者；对其带来的环境负效益进行生态功能分析、生态经济分析，并制订补偿方案，从而进行经济补偿、政策补偿、资源性补偿、伦理性补偿等。最终监测评估机构作出生态补偿效果分析，从而建立环境管理新模式。

矿产资源生态补偿模式将补偿主体的行为责任作为划分依据。根据各补偿主体承担的责任义务，分为政府主导补偿与企业自主补偿。政府主导补偿主要形式为财政资金的转移支付，具有区域性补偿的性质。企业自主补偿是出于可持续发展的目的，对社区、居民给予的补偿。对于生态环境脆弱、矿产资源丰富的地区，依靠政府的管制作用划定生态保护红线，依靠市场调价手段维持矿产资源开发活动的一定规模。生态补偿管理模式有如下 6 种。

模式一：政府补偿模式。政府主导开展的生态补偿，运用财政资金设立生态环境治理项目，目的是保持区域生态环境良好，提升生态系统服务功能。资源富集地区开发矿产资源为我国中东部地区经济发展提供资源保障，政府对其实施生态补偿兼有区域补偿与产业补偿的性质。

模式二：管制补偿模式。政府依靠强制力，规定生产经营者的活动，以最大限度地减少污染物排放，保持生态环境质量。政府管制是市场调控模式发挥补偿作用的基础，管制手段包括制定环境保护标准、强制企业履行义务、制定规章制度等。管理部门通过监控规章执行情况，对不遵守规章的行为加以制裁，对遵守规章的行为给予奖励。

模式三：市场调控模式。市场调控补偿通过经济手段把矿产资源开发的外部性纳入企业内部，使企业的商品或服务价格包含或反映环境成本，促进资源的有效利用。通过在污染者之间有效地分配污染排放消减量，降低整体的污染控制费用。利用经济手段鼓励企业积极进行创新，减少污染物排放，将环境污染成本降到最低。市场调控的方式主要包括排污权交易、征收环保税费、实施恢复治理保证金制度等。通过向污染严重企业征收高额税费，逐渐将其淘汰，对区域生态环境破坏起到限制作用。

模式四：企业补偿模式。企业补偿模式源自企业自发的调节机制，前提是资源环境产权明确，根源是政府管制发挥作用，目的是使企业获得更好的资源、利用环境。补偿方式主要包括企业主导下进行的意愿调查或谈判，开展前期补偿，主动履行社会责任，实施资源开采区的生态补偿、区域补偿与代际补偿。

模式五：命令控制模式。命令控制模式是传统的生态管理方式，是在市场经济条件下环境失衡导致政府进行干预的产物。在环境领域，这一行政强制管理方式直到今天仍然是大多数国家不可或缺和处于主导地位的管理方式，可以说这种管理方式为保护人类环境发挥了重大的、基础性的作用。中国在改革开放 40 多年来实行的环境管理模式基本也属于这种模式。但是，随着经济社会的不断发展，特别是世界经济一体化和环境问题全球化，环境形势发生了多方面的变化，仅靠单一的命令强制方式远远不够，为了应对越来越复杂的环境问题，能够在社会、经济、技术和文化等各个层面产生影响，就必须建立更加综合、更加有预防性的管理新机制。

模式六：经济激励模式。经济激励模式对信息充分的要求要弱于命令控制模式，经济激励模式为污染者不断追求以更为经济的方式减少污染排放提供了动力，这种模式下的大多数企业污染控制措施与边际均衡原则是一致的，污染者将边际减排成本设定在相当于边际损害的水平上，这是该模式最突出的优点。然而为什么在当今世界命令控制模式仍然大行其道呢？下面本书从博弈论的角度来分析经济激励模式引起的"激励的悖论"，从而得出经济激励模式在长期中难以奏效的原因[67]。

8.1.3　生态补偿管理模式的选择

就柴达木地区而言，资源开采区传统生产模式是"资源开发下产品生产废弃物排放"的单向线性模式。这种"大量生产、大量消费、大量废弃"的模式确实使资源开采区经济总量得到了迅速提高，但同时带来的是大量宝贵资源的严重浪费，以及由于对资源开采区生态环境管理不当而产生的环境污染和破坏问题。在柴达木地区生态补偿管理系统中，首先，要建立能够突破地方行政辖区限制、跨省补偿的财政转移支付制度。可以由中央政府代表负责牵头谈判、协商，并对达成生态补偿意向的转移支付资金进行监督，将省际横向转移支付制度纳入现有的纵向转移支付体系。其次，可以根据柴达木地区的人口规模、财力状况、GDP总值、生态效益外溢程度等，由生态环境受益区和提供政府共同缴纳生态转移支付基金，并按一定比例及时补充，用于柴达木区域内的矿山恢复、饮用水源保护和环境污染治理等。

上述问题的实质是资源开采区资源代谢在时间、空间尺度上的滞留；资源开采区产业或生产过程（工艺环节）系统耦合在结构、功能关系上的脱节；资源开采区管理者的行为在经济和生态管理上的冲突和失调。只重视资源开采区产业的物理过程而忽视其生态过程；只重视资源开采区产业的经济功能而忽视其生态功能；只注意资源开采区经济成本而无视资源开采区生态成本；只强调末端环境管理而忽视产业系统功能和全程性生态管理。

这些问题的出现，迫使人们对以往的资源开采区生产模式、环境治理模式和产业发展模式进行反思并加以调整，通过产业生态管理，寻求解决资源开采区在其形成发展过程中生态与产业失调问题的有效途径，然后充分合理地开发利用资源开采区各种资源，以获得最大的经济、生态和社会综合效益，增强资源开采区可持续发展能力。

因为柴达木地区与三江源的特殊关系，并且柴达木地区的环境对许多地方都起着重要的影响，根据前面的系统动力学分析可以得出，柴达木地区在矿产资源开发中对生态环境承载能力产生巨大的冲击，所以为了更好地使经济得到发展并且能够保护环境，需要建立一套合适的生态补偿的管理模式。

根据前面对主客体的分析可以得出，在环境保护中采取"谁受益、谁补偿"的原则，因此国家是受益者，政府是受益者，矿的产权人也是受益者，所以在生态补偿中，补偿的资金应该由以上三者支付。由于柴达木地区和"三江源"的地缘关系，且"三江源"特殊的环境与地理位置，所以补偿资金由政府掌握，根据柴达木地区矿产开发污染的实际状况进行补偿，并且由当地居民所监督。

只有完成对环境的保护，才能走可持续发展的道路。从研究成果可以看出，在柴达木地区矿产资源开发的过程中还是存在许多问题，所以需要进行改善。产业生态学理论的主要实践措施是建立产业生态系统。产业生态系统把产业视为一种类似于自然生态系统的循环体系，其中一个体系要素产生的"废"产物被当作另一个体系要素的"营养物"，各体系就像自然生态系统一样，利用彼此的副产物作为原料，从而做到良性循环，实现产业与环境的协同和谐，其主要实践措施是建立产业生态系统。产业生态管理是以生态学的理论观点研究工业生产全过程，研究生产中的资源、产品及废物的代谢规律和耦合调控方法，探讨促进资源的有效利用和环境的正面影响的管理手段。

产业生态系统管理就是要以生态理论为指导，从资源开采区生态背景、产业现状和生产技术基础出发，模拟自然生态系统各个组成部分的结构与功能，纵向闭合、横向耦合、协同共生的相互关系，建立一个物质和能量多级利用、良性循环且转化效率高、经济效益与生态效益双赢的生态产业链结构（网），从而实现资源开采区物质资源循环利用，从根本上改善资源开采区生态环境。

通过以上分析可知，实现资源开采区产业生态管理的基本途径是构建生态产业链结构，包括纵向主导产业链构建和横向耦合共生产业链。

构建纵向主导产业链主要应用的是关键种理论。关键种理论的实质是说明关键种的存在对于维持生态系统群落的组成和多样性具有决定性作用。对于资源开采区，"关键种企业"就是这样一些企业——在资源开采区生态产业链结构中，它们使用和传输的物质最多，能量流动的规模最大，能带动和牵制其他企业、行业的发展，居于中心地位，是生态产业链的"链核"，对于构筑资源开采区生态产业链，资源开采区生态产业链结构的稳定和发展起着关键的作用。

从目前的研究和实际状况看，生态补偿无论是在管理还是实施过程都比较混乱，普遍问题是：①各部门分头管理，各自为政；②资金、资源的投入重复，严重浪费；③管理部门多，但都有任务无责任。因此，在国家层面，应选派代表人员建立专门的生态补偿管理常设机构。这个机构可以统筹安排国家范围内的生态补偿项目，同时应明确各部门在进行生态补偿项目中的权利、义务和责任，在生态补偿实施过程中出现问题时可以明晰有关部门的职责，从而追究相应的责任；在地方层面，应建立统一的生态补偿管理机构，对整个柴达木地区的生态补偿进行统筹规划，建立一个统一协商的平台，统一管理用于生态补偿的资金，贯彻落实生态补偿的实施范围、人数等。

以煤炭开采区为例，在确定好纵向主导产业链后，根据食物链的"加环"设计食物链的"解链""加工环"，使各种副产品资源实现循环利用。矿区以煤炭和煤系共伴生资源的开采加工作为主导产业链，可横向耦合多条共生产业链。根据煤炭开采生产所排放的废物特征、矿区的资源条件和外部环境，有的矿区在主导产业链的基础上可延伸出"煤矸石—煤泥—热电厂—热电""灰渣—矸石建材厂建材产品"等多条横向耦合共生产业链。

通过产业的纵向横向耦合，各种在业务上具有关联关系的产业链聚集在一起，一个生产过程产生的废物是另一生产过程的生产原料，这些生产过程或产业链依照顺序形成高效率矿区生态产业链结构（网），既提高了经济效益，又从根本上改善了环境。

已具有较好产业链雏形的资源开采区是指在资源开采区内已经形成一条或几条主导生态产业链，在副产品或废弃物的交换和能量等的梯度利用及基础设施的共享等方面初具规模。对于这类资源开采区，生态产业链结构构建的重点应该是在不断充实、完善现有生态产业链的基础上，通过技术进步对传统生产环节和工艺进行更新改造，将各条生态产业链做大、做强，形成新的经济增长点，形成各具实体性质的生态产业链，以进一步提升整个资源开采区生态经济系统运行质量。对于产业链刚刚起步的资源开采区，则属全新规划生态产业链的区域，一般这类资源开采区指的是新建资源开采区。这类资源开采区生态产业链结构构建的重点在于抓好整个资源开采区生态经济系统的整体规划，做好生态背景和物流的系统调查和分析，设计并确定主导产业链。

目前，我国大多数资源开采区产业门类较多，但彼此之间没有形成完善的生态产业链。对于这种类别的资源开采区，其生态产业链结构构建的重点是进行生态产业链重构。这类资源开采区产业门类比较齐全，唯一的缺陷就是各产业或企业之间没能有效地关联。因此，对这类资源开采区，在工业代谢分析的基础上，有针对性地进行结构改变，启动"补链"战略；对于缺乏中间关联链条的进行"补链"，引进或建立与现有成员企业相配套、形成"补链"关系的产业或企业，主要涉及分析各种管理模式并分析根据柴达木地区生态补偿情况开创新的管理模式等内容。

8.2 柴达木地区生态补偿管理模式设计

柴达木地区生态补偿管理模式实行政府为主导，其中中央政府起到协调的作用，第三方核算补偿标准进行一次补偿，然后再通过绩效评估实施二次补偿的动态补偿方式，并实现边管理边补偿，实时动态补偿。

8.2.1 柴达木地区生态补偿管理模式框架

柴达木地区生态补偿管理模式的框架包括补偿方式的多元化、补偿管理的规范化和补偿资金的动态化。

柴达木地区生态补偿必须实行多元化补偿方式。补偿方式多样化是生态补偿顺利进行的重要手段，可以增强补偿的适应性和灵活性，加强生态补偿的针对性，有利于生态补偿在不同区域顺利开展。现行的补偿模式以政府财政转移支付为主，辅以一次性补偿、对口支援、专项资金资助和税赋减免的政策等。应充分应用经济手段和法律手段，探索多元化生态补偿方式。搭建协商平台，完善支持政策，引导和鼓励开发地区、受益地区与生态保护地区、流域上游与下游通过自愿协商建立横向补偿关系，采取资金补助、对口协作、产业转移、人才培训、共建园区等方式实施横向生态补偿。积极运用碳汇交易、排污权交易、水权交易、生态产品服务标志等补偿方式，探索市场化补偿模式，拓宽资金渠道。

柴达木地区生态补偿必须实现生态补偿管理规范化。构建生态补偿制度，必须建立统一的管理机构，实行统一的管理办法。一是坚持统一的补偿原则。生态补偿必须坚持谁受益、谁补偿的基本原则，做到环境开发者要为其开发、利用资源环境的行为支付费用，环境损害者要对其造成的生态破坏和环境损失做出赔偿，环境受益者有责任和义务向提供优良生态环境的地区和人们进行补偿。二是建立统一的管理机构。加强对跨地区、跨流域经济区及产业间环境问题的监督管理，协调不同功能区之间的补偿。三是实行统一的监督办法。建立生态补偿金使用绩效考核评估制度，严格考核各财政专项补偿资金的使用绩效，更好地发挥财政生态补偿金的激励和引导作用。

20 世纪末以来，政府通过制定规章制度来规范柴达木地区采矿后的生态损害治理问题，但没能从根本上改变"点状治理、面上恶化"的态势。后来，政府又试图通过补偿激励来改变现状，从而改善资源开采区民生，已初见成效但也没能根本扭转"补偿无据、标准混乱"的局面，没有实现生态补偿的公平和补偿资金的效益最大化。由此可见，无论政策治理还是补偿激励都没能从根本上改变"先损毁，后治理"的思路，致使柴达木资源开采区耕地损毁，生态环境仍然处在不断恶化状态[42]。

因此，应选择科学的补偿策略，完善生态补偿标准化管理，做到尽快修复柴达木资源开采区因开采造成的生态环境损毁，补偿生态系统服务损失，部分不能修复的区域也要做到"边治理边补偿"，维护生态系统服务价值。

本书提出的生态环境动态补偿策略具有补偿额度少、补偿效果好的优势，合理设计其补偿方式有望使资源开采区生态补偿进入良性运转轨道。本章采用系统动力学方法，针对静态补偿、动态补偿和过渡类型三种补偿策略，按照"理论分析—模型构建—实证分析"的逻辑主线对资源开采区生态环境进行系统分析和政策把握。通过建立煤资源开采区生态系统服务功能价值—补偿成本—补偿效益的系统动力学模型，对实施静态补偿、动态补偿和过渡类型补偿三种补偿策略的资源开采区生态系统服务功能价值和经济成本进行模拟仿真，通过仿真结果论证不同补偿策略的生态—经济效果。

8.2.2　从末端控制到全过程管理柴达木地区生态补偿管理模式

从 20 世纪 70 年代起到 80 年代初，随着制造业的快速发展与技术革新速度的加快，人类所依赖的资源与生产的产品范围得到扩大。人工合成的各种化学物质被不断地生产与制造，而这些化学物质不能很快或不能为自然系统吸纳与循环，因此引发了严重的环境污染问题。同时制造过程中能源与资源消耗大，排放了大量的废弃物，环境的容纳与循环能力不能承载，造成环境问题日益突出。基于此，各国政府日益认识到地球生态环境的脆弱性，认识到环境污染对人类的可持续发展构成了日益严重的威胁，制定了一系列的环境污染法律法规、排放标准，对企业进入环境的工业废弃物的最高允许量进行限制，对企业污染和破坏环境的行为进行限制和控制。随着"污染者负担"原则的提出，各国法律都规定了企业对其排放污染物的行为必须承担经济责任，凡是污染物的排放量超过了规定的排放标准，都需要缴纳超标排污费，造成环境损害的需要承担治理污染的费用并赔偿相应的损失。在这一阶段，企业面对严厉的法律、法规、标准、政策，只能遵循相关的制度约束，为了能够在制度约束的范围内进行经营活动，其环境手段往往是在其最后制造工序或排污口建立各种防治环境污染的设施来处理污染，如建污水处理站，安装除尘、脱硫装置等以"过滤器"为代表的末端控制装置与设备，为固体废弃物配置焚烧炉或修建填埋厂等，来满足排放要求。这种环境管理模式是以"管道控制污染"思想为核心，强调的是对排放物的末端管理[68]。

20世纪70年代，各企业强调污染物产生后的治理和减少其危害，即强调末端控制的环境管理模式的应用。但经过10多年的应用，学者和企业界的人士发现末端控制的环境管理模式不能从根本上解决制造业对环境的负影响问题，因此，从20世纪90年代开始，人们强调从生产和消费的源头上防止污染的产生，为避免环境污染，强调以生态理念为基础的环境管理模式，具体的技术包括生态设计、绿色制造等。从某一单个企业的某一个环节进行环境管理不能实现制造业与环境友好。实现环境友好要求从整体上采取预防措施，即需要采用强调多个主体的合作、以循环经济理论为基础的全过程环境管理模式。对产品整个生命周期以预防为主的控制模式进行环境管理是当前企业环境的必然选择。

全过程环境管理模式的理论基础是循环经济的系统思想。循环经济是针对工业化以来高消耗、高排放的线性经济而言的，是可持续发展战略的经济体现，即以环境友好方式利用资源、保护环境和发展经济，逐步实现以最小的代价、更高的效率和效益，实现污染排放减量化、资源化和无害化。在人类的生产活动过程中控制废弃物的产生，建立起反复利用自然的循环机制，把人类的生产活动纳入自然循环中去，维护自然生态平衡。按照自然生态系统物质循环和能量流动规律重构经济系统，使得经济系统和谐地纳入到自然生态系统中，要求把经济活动组织成为"自然资源—产品和服务—再生资源"的反馈式流程活动。在全过程环境管理模式下需要综合利用各种环境管理手段，从资源的采购开始，到废弃物的回收与处理，均采取预防与控制措施；按照生态系统的物质循环和能量流动的规律来改善制造技术与制造工艺、销售与消费行为等，以循环的封闭经济模式代替开放的线性经济模式，实现"无废料生产"或"废弃物还原"和"废弃物利用"的采购、生产、销售与消费，使得整个企业的行为均能实现环境友好。全过程环境管理模式具有几点明显的特征：①环境管理涉及企业的整体流程上的各个活动与环节，从采购、设计、制造到销售，均需要采取有效的预防与控制手段；②全过程的环境管理模式强调与相关行为主体的合作，在全过程的环境管理中，要对企业内部流程上的各活动中采取有效的环境预防与控制措施，要实现这一点，要求企业与其他主体如供应商、分销商与产品的使用者均能保持有效的协调，因而各主体之间的合作是全过程环境管理模式实施的重要前提；③全过程环境管理模式是各种环境管理手段的集成，这些环境管理手段包括绿色采购、生态设计、绿色制造、排放物的末端控制、绿色营销、再制造等。

从前人的研究来看，企业为了应对日益增加的环境压力，所采用的战略越来越系统化与集成化，采取环境管理的态度从被动地适应严厉的环境规制到进行主动的转变，目标不再是为了防止"由环境污染揭发所产生的风险规避"，而是为了通过再循环、再利用、资源的减量化等方式实现整个产品链上的价值增值；环境管理所涉及的主体从原有的企业内部某一部门的操作层转变为企业战略层，从单一的职能部门转变为跨多个职能的部门，从单一企业到供应链所有成员；从环境管理技术的侧重点来看，从最初的末端管理技术发展为全过程的多阶段的环境管理技术。

8.3　本章小结

本章首先分析了生态补偿管理模式的原则，一般类型和柴达木地区的生态补偿管理模式。生态补偿本身就是一个十分复杂的生态、技术、经济和社会问题，生态补偿标准化的建立更是一项综合的、系统的工程，要考虑系统联系、系统协调性。构建恰当的管理模式要求有原则、有目标，才能达到目的。生态补偿管理模式的确定，必须坚持统一管理、分部门实施原则，信息公开、社会参与、尊重专家意见等原则。

资源生态补偿模式以补偿主体的行为责任作为划分依据，根据各补偿主体承担的责任义务，分为政府主导补偿与企业自主补偿。政府主导补偿主要形式为财政资金的转移支付，具有区域性补偿的性质。企业自主补偿是出于可持续发展的目的对社区、居民给予的补偿。对于生态环境脆弱、矿产资源丰富的地区，依靠政府的管制作用划定生态保护红线，通过市场调价手段，维持矿产资源开发活动的一定规模。生态补偿管理模式有6种，分别为政府补偿模式、管制补偿模式、市场调控模式、企业补偿模式、命令控制模式和经济激励模式。

就柴达木地区的特殊性而言，不适合单一的生态补偿管理模式。资源开采区传统生产模式是"资源开发下产品生产废弃物排放"的单向线性模式，这种"大量生产、大量消费、大量废弃"的模式确实使资源开采区经济总量得到了迅速提高，但同时带来的是大量宝贵资源的严重浪费，以及由于对资源开采区生态环境管理不当而产生的环境污染和破坏问题。在柴达木地区生态补偿管理系统中，首先要建立能够突破地方行政辖区限制、跨省补偿的财政转移支付制度。本章设计了适合柴达木地区的生态补偿管理框架，构建了从末端控制到全过程管理的柴达木生态补偿管理模式。

柴达木地区生态补偿管理模式设计为政府为主导，其中中央政府起到协调的作用，通过第三方核算补偿标准进行一次补偿，然后再通过绩效评估实施二次补偿的动态补偿方式，并实现边管理边补偿，实时动态补偿。柴达木地区生态补偿管理框架实现了多元化补偿方式、生态补偿管理规范化。本书提出的生态环境动态补偿策略具有补偿额度少、补偿效果好的优势。合理设计其补偿方式有望使资源开采区生态补偿进入良性运转轨道。本章采用系统动力学方法，针对静态补偿、动态补偿和过渡类型三种补偿策略，按照"理论分析—模型构建—实证分析"的逻辑主线对资源开采区生态环境进行系统分析和政策把握。

9

结语与展望

9.1 主要结论与成果

成果一：从经济学理论和管理学理论的基础上构建了区域生态补偿标准化系统，并应用在柴达木地区，构建柴达木地区生态补偿标准化系统。

成果二：从柴达木地区生态系统出发，通过专家调查法对当量因子进行修正，得到资源开采区生态价值当量因子表，核算出该区域生态补偿价值量。通过计算，柴达木地区的生态价值量为 1832.9 亿元，各区域的生态价值量存在一定的差异，最小值为 30.73 亿元（冷湖行政委员会），最大值为 936.75 亿元（格尔木市），这与区域的生态资源本底密切相关。总体而言，柴达木地区的生态资源价值当量具有一定的地带性分异规律，东北部地区生态资源价值当量最大、中部地区次之、西部地区最小。

成果三：尝试运用生态足迹与生态承载力的相关理论和方法，对生态足迹的机理进行分析，并结合实践中存在的不足，适当对生态足迹模型加以改进，在此基础上构建生态补偿量化模型，核算出柴达木地区直接经济损失，作为生态补偿标准的一个重要部分。从柴达木生态系统角度出发，从不同资源开采的角度对不同资源开采过程中导致的直接经济损失和间接经济损失做出核算，从而分析出柴达木地区生态补偿额度。煤炭开采区的生态环境损害类型有土地损害、水资源的污染与破坏、大气污染和固体废弃物对生物圈的污染四种，生态经济损失共计 21238 万元，其中直接损失为 8673 万元，间接损失为 12565 万元。盐湖开发区的生态环境损害类型有水资源的损害、土壤资源的损害和植被的损害三种，生态经济损失共为 64061 万元，其中直接经济损失为 15914 万元，间接经济损失为 48147 万元。非金属开采区生态经济损失共为 60167 万元，其中直接经济损失为

4461 万元，间接经济损失为 45706 万元。整个柴达木地区的生态经济损失为 134654 万元，其中直接经济损失为 30729 万元，间接经济损失为 103925 万元。从煤炭的开采、盐湖的开采和非金属的开采看出柴达木地区不同的资源开发造成的直接、间接经济损失不同，然后比较分析直接经济损失和间接经济损失，确定生态补偿标准。

成果四：在静态补偿的基础上提出动态补偿，并应用系统动力学模型构建了煤炭开采区、盐湖开发区和非金属开采区的动态补偿模型，估计出未来应补偿的额度。运用系统动力学专用软件 Vensim 确定系统运行的状态、流位、速率变量、辅助变量、方程等，分别构建柴达木地区煤炭开采动态补偿的 SD 模型、盐湖开采动态补偿的 SD 模型、非金属开采动态补偿的 SD 模型，并通过构建模型的牧草地变量值从模型的真实性和有效性两方面入手对模型进行检验并进行动态臂长仿真的分析。根据构建的三个动态补偿 SD 模型，得到煤炭开采区 2010—2050 年的动态补偿，其中 2017 年的动态补偿额为 7602.83 万元，2050 年的动态补偿额为 5781.25 万元；盐湖开发区 2011—2050 年的动态补偿，其中 2017 年的动态补偿额为 5120 万元，2050 年的动态补偿额为 3893 万元；非金属开采区在 2011—2050 年的动态补偿，其中 2017 年的动态补偿额为 9266 万元，2050 年的动态补偿额为 7046 万元。

成果五：动态补偿并非补偿额度在时间维度的确定，需要未来在不同条件下不断调整，不断反馈。需要有好的评价和管理机制构建柴达木地区生态补偿绩效水平评价指标，并核算三个资源开采区的绩效水平。柴达木地区的生态补偿绩效评估以煤炭开采区、盐湖开发区和非金属开采区为对象，以 2010—2018 年《海西统计年鉴》为参考数据，运用 SPSS17.0 统计软件中的主成分分析模块来对绩效评价指标进行分析，使用 SAS 软件中的熵值模型来计算生态绩效得分。但主成分分析法没有完全体现生态补偿的效果，所以借助熵值法结合主成分分析法对生态绩效进行估算，得出柴达木资源开采区在 2011—2015 年生态补偿的综合绩效，其中在 2011 年煤炭开采区的生态绩效得分为 0.011，盐湖开发区的生态绩效得分为 0.010，非金属开采区的生态绩效得分为 0.009；在 2012 年盐湖开发区的生态绩效得分为 0.014，煤炭开采区的生态绩效得分为 0.013，非金属开采区的生态绩效得分为 0.010；在 2013 年煤炭开采区的生态绩效得分为 0.018，盐湖开发区的生态绩效得分为 0.015，非金属开采区的生态绩效得分为 0.014；在 2014 年非金属开采区的生态绩效得分为 0.022，煤炭开采区的生态绩效得分为 0.021，盐湖开发区的生态绩效得分为 0.018；在 2015 年非金属开采区的生态绩效得分为 0.029，煤炭开采区的生态绩效得分为 0.027，盐湖开发区的生态绩效得分为 0.027。在 2011—2015 年煤炭开采区的生态绩效得分从 0.011 上升到 0.027，盐湖开发区的生态绩效得分从 0.010 上升到 0.027，非金属开采区的生态绩效得分从 0.009 上升到 0.029，上升幅度最大，通过计算生态绩效得分说明柴达木地区资源开采区的生态补偿政策实施较好。

成果六：在上述研究的基础上，设计了从末端控制到全过程管理的柴达木地区生态补偿管理模式。首先分析了生态补偿管理模式的原则、一般类型和柴达木地区的生态补偿管理模式。生态补偿管理模式的确定，必须坚持统一管理分部门实施、信息公开、社会参与、尊重专家意见等原则。一般来讲，生态补偿管理模式有 6 种基本类型：政府补偿模式、管制补偿模式、市场调控模式、企业补偿模式、命令控制模式和经济激励模式。就柴达木地区的特殊性而言，不适合单一的生态补偿管理模式，为此设计了适合柴达木地区的生态补偿管理框架，构建了从末端控制到全过程管理的柴达木生态补偿管理模式。

9.2 研究的不足

不足一：标准化研究是一项复杂的系统工程，需要考虑的范围和因素众多，本书提出的生态补偿标准化系统是基于区域角度提出的，不能应用到微观个体标准的制定、实施和评价中，比如不能直接应用于青海庆华煤化有限责任公司等微观实体中，研究不能解决具体的现实问题。因此，深入研究微观个体标准化系统模型构建及管理模式将是研究的方向。

不足二：本书旨在构建生态补偿管理的一般范式，但研究仍选择柴达木地区资源开发个案，削弱了论文的范式研究。原因一是能力所限，二是研究生态补偿标准化的确有很大的难度。

不足三：矿产资源开发生态补偿模式与地区特点契合的研究相对不足。对矿产资源开发生态补偿模式的研究主要关注补偿主客体、补偿额度、补偿的方式与补偿机制运行等问题，较少关注补偿模式与研究对象特点的契合问题[69]。

9.3　研究展望

展望一：从研究对象看，现有研究对特殊地区的矿产资源开发生态补偿的研究相对薄弱，很少有研究把矿产开发生态补偿问题与研究对象特点结合起来考虑。区域生态补偿标准化不仅属于生态经济学的范畴，也属于管理学的研究范畴，另外本书还涉及矿产资源开发、区域经济发展等相关内容，专业性强、学科交叉面广、研究难度大，故此，跨学科研究将是未来致力研究的方向。

未来研究可以考虑结合研究对象的特点，研究独特矿产开发生态补偿的机制体制。

展望二：从研究视角上看，现有的研究主要关注了政府主导的补偿模式，对引入市场化机制参与补偿的研究较少，几乎没有关于矿产资源开发利用生态补偿模式比较和创新的研究。未来可以研究矿产开发生态补偿的市场化机制问题，尤其是研究市场和政府在矿产生态补偿中的边界问题、机制问题、协调问题等。

展望三：从研究内容上看，相对于森林、湿地、草原、水资源、土地等领域的生态补偿研究而言，当前学者对矿产资源生态补偿的研究还相对滞后，在促进生态环境保护方面的作用还没有充分发挥出来。未来研究可以考虑把其他类似领域的研究成果引入和吸收进来，也就是关于研究成果的引进、修正和运用问题。在研究生态补偿绩效的同时，展开生态补偿绩效的影响因素的研究，做到有目的、有建议。

展望四：从研究方法来看，采用了人力资本法、最小补偿费用和最大补偿费用核算模型及系统动力学模型对矿产资源生态补偿标准开展了定量化的尝试，但这些定量方法较少考虑到矿产资源开发利用对生态系统的整体影响。未来可以加强对矿产开发对生态环境破坏问题的研究，尤其是研究补偿标准和测量方法等方面的问题，将展开跨学科、广泛交叉和合作。区域生态补偿标准化不仅属于生态经济学的范畴，也属于管理学的研究范畴。另外，本书还涉及矿产资源开发、区域经济发展等相关内容，专业性强、学科交叉面广、研究难度大，故此，跨学科研究将是未来研究的方向。

参考文献

［1］李文华. 我国生态补偿机制与政策建议［J］. 高科技与产业化，2007（9）：37-40.

［2］张伟，张宏业. 基于"地理要素禀赋当量"的社会生态补偿标准测算［J］. 地理学报.

［3］https：//baike. baidu. com/item/% E7% BB% A9% E6% 95% 88/2219888？fr＝aladdin.

［4］李斌. 区域生态补偿绩效评估研究［D］. 大连：大连理工大学.

［5］李辉. 我国林业生态补偿绩效评价［D］. 杭州：浙江理工大学.

［6］戴其文. 中国生态补偿研究的现状分析与展望［J］. 中国农学通报，2014，30（2）：176-182.

［7］张晓妮. 中国自然保护区及其社区管理模式研究［D］. 西安：西北农林科技大学.

［8］赵玲. 生态经济学［M］. 北京：中国经济出版社，2013.

［9］中华人民共和国国家质量监督检验检疫总局. 标准化工作指南（第1部分）：标准化和相关活动的通用词汇［M］. 北京：中国标准出版社，2002：15-16.

［10］J. Stewart Black；Allen J. Morrison. A Cautionary Tale for Emerging Market Giants［J］. Harvard Business Review Notice of Use Restrictions，2009，5.

［11］冯艳英. 标准化系统结构模型构建及系统功能优化研究［D］. 北京：中国矿业大学，2015.

［12］高新才，赵玲．张掖市土地资源人口承载力系统动力学模拟预测——兼论干旱区土地生产关系调整［J］.西北民族大学学报：哲学社会科学版，2010（04）：135-140

［13］张锡纯．关于标准化系统工程及其研究对象的探讨［J］.北京航空航天大学学报，1992（01）.

［14］张淑贞．标准化系统工程方法论研究［J］.北京航空航天大学学报，1992（01）.

［15］Adhikari B，Agrawal A. Understanding the Social and Ecological Outcomes of PES Projects：A Review and an AnalysiS［J］. Conservation&Society. 2013，11（4）：359-74.

［16］Brady M，Sahrbacher C，gellermann K，HappeK. An agent—based approach to modeling impacts of agricultural policy on land use，biodiversity and ecosystem services［J］. Landscape Ecology. 2012. 27（9）：1363-81.

［17］苏振锋，孙荣国．推进生态补偿标准化动态化［N］.中国环境报，2013，11（22）.

［18］蔡邦成，刘庄等．生态补偿的管理与调控政策研究［J］.环境保护科学，2009（35）：85-86

［19］曹文辉．生态补偿机制：环境管理新模式［J］.环境经济杂志，2005（11）：46-48.

［20］丁遵波．草地生态系统价值评估及其动态模拟［D］.北京：中国农业大学博士论文．2005.

［21］李瑞，胡留所等．生态环境经济损失评估：生态文明的视角——以陕北资源富集区为例［J］.财经论丛，2015（09）：11-17.

［22］王辉．煤炭开采的生态补偿机制研究［D］.北京：中国矿业大学，2012.

［23］徐嵩龄．中国环境破坏的经济损失研究：它的意义、方法、成果及研究建议（上）［J］.中国软科学，1997，（11）：115-127.

　　[24] 杨丽韫，甄霖等．我国生态补偿主客体界定与标准核算方法分析 [J]．生态环境，298-302.

　　[25] 杨稣，刘德智．生态补偿框架下碳平衡交易问题研究综述与分析 [J]．经济学动态，2011 (2)：92~95.

　　[26] IPCC. Land-use, land change and forestry [M]. Cambridge：Cambridge University Press，2000.

　　[27] Fan Y，Liang QM，Okada N. A model for China's energy require-ments and CO$_2$ emission analysis [J]. Environmental Modelling & Software，2007，22 (3)：378-393.

　　[28] 方精云，郭兆迪等．1981~2000 年中国陆地植被碳汇的估算 [J]．中国科学，2007 (6)：804~812.

　　[29] 刘英，赵荣钦等．河南省土地利用碳源/汇及其变化分析 [J]．水土保持研究，2010 (5)：154~157.

　　[30] 刘娟，刘守义．京津冀区域生态补偿模式及制度框架研究 [J]．改革与战略，2015 (2)：108.

　　[31] 王永生．矿区生态环境与产业生态管理 [J]．中国煤炭，2006，32 (06)：26-29.

　　[32] Costanza R，d'Arge R，De Groot R，etal. The value of the world' secosystem services and nature [J]. Nature，1997，387 (6630)：253-260.

　　[33] 谢高地，等．一个基于专家知识的生态系统服务价值化方法 [J]．自然资源学报，2008，23 (5)：911-919.

　　[34] 牛路青．基于生态价值量的关中地区生态补偿研究 [D]．西安：西北大学，2008.

　　[35] 刘春腊，刘卫东，徐美．基于生态价值当量的中国省域生态补偿额度研究 [J]．21 (11)：1395-1401

　　[36] 高辉．三江源地区草地生态补偿标准研究 [D]．咸阳：西北农林科技大学硕士论文．2015.

［37］段昕彪. 从生态补偿实例看生态补偿的法律界定［D］. 太原：山西大学硕士论文. 2013.

［38］史慧. 柴达木循环经济试验区矿产资源开发的生态补偿机制问题研究［D］. 南昌：南昌大学硕士论文. 2012.

［39］曾先峰. 资源环境产权缺陷与矿区生态补偿机制缺失：影响机理分析［J］. 干旱区资源与环境，2014，28（05）：47-52.

［40］黄立洪. 生态补偿量化方法及其市场运作机制研究［D］. 福州：福建农林大学，2013.

［41］冯聪. 边疆民族地区矿产资源开发生态补偿模式及运行机制研究［D］. 北京：中国地质大学，2016.

［42］高辉. 三江源地区草地生态补偿标准研究［D］. 咸阳：西北农林科技大学硕士论文，2015.

［43］赵玲. 城镇化进程中青藏高原城市适度人口容量分析［J］. 生态经济，2014，30（8）：51-53

［44］张帅，董泽琴等. 基于生态足迹改进模型的均衡因子与产量因子计算——以某市为例［J］. 安徽农业科学，2010，38（14）：7496-7498

［45］张恒义，张卫东等. "省公顷"生态足迹模型中均衡因子及产量因子的计算——以浙江省为例［J］. 自然资源学报，2009，24（01）：82-92

［46］黄立红. 生态补偿量化方法及其市场运作机制研究［D］. 福州：福建农林大学［D］. 2011.

［47］夏光，赵毅红. 中国环境污染损失的经济计量与研究［J］. 管理世界，1995，（6）：197-205

［48］彭文英，马思瀛等. 基于碳平衡的城乡生态补偿长效机制研究——以北京市为例［J］. 生态经济，2016，（09）：162-166.

［49］余光辉，耿军军. 基于碳平衡的区域生态补偿量化研究——以长株潭绿心昭山示范区为例［J］. 长江流域资源与环境，2012，（4）：454-457.

［50］宋晓谕，徐中民等．青海湖流域生态补偿空间选择与补偿标准研究［J］．冰川冻土，2013，35（02）：496-503.

［51］谢鸿宇，陈贤生等．基于碳循环的化石能源及电力生态足迹［J］．生态学报，2008（4）：1729~1735.

［52］张颖，吴丽莉等．我国森林碳汇核算的计量模型研究［J］．北京林业大学学报，2010（2）：194~200.

［53］张承亮．青海柴达木循环经济试验区产业生态化研究［D］．青海：青海大学，2013

［54］贾卓，陈兴鹏等．草地生态系统生态补偿标准和优先度研究——以甘肃省玛曲县为例［J］．2012，34（10）：1951-1958.

［55］闫军印．区域矿产资源开发生态经济系统研究［D］．天津：天津大学，2007.

［56］王辉．煤炭开采的生态补偿机制研究［D］．北京：中国矿业大学（北京），2002.

［57］杨姝，谭旭红等．基于系统动力学的矿产资源补偿体系构成研究［J］．资源开发与市场，2012，28（06）：501-503.

［58］秦格．煤炭矿区生态环境补偿机制研究［D］．北京：中国矿业大学博士论文，2009.

［59］靳瑞霞，赵玲．基于系统动力学的格尔木市生态经济损失评价［J］．青海大学学报：自然科学版，2015，（6）：83-89.

［60］李炜．大小兴安岭生态功能区建设生态补偿机制研究［D］．哈尔滨：东北林业大学博士论文．2012.

［61］李晓光，苗鸿．生态补偿标准确定的主要方法及其应用［J］．生态学报，2009，29（08）：4431-4440.

［62］张卉．中国西部地区退耕还林政策绩效评价与制度创新［D］．北京：中央民族大学2009.

［63］虞慧怡，许志华等．生态补偿绩效及其影响因素研究进展［J］．

生态经济，2016，32（08）：170-174.

［64］师红聪. 生态环境补偿机制下矿产资源价值评估与管理研究——以云南省矿产资源为例［D］. 武汉：中国地质大学（武汉）博士论文，2013.

［65］李亚楠，毕忠野，等. 海洋工程生态补偿管理模式支撑技术研究［J］. 海洋开发与管理，2014，（5）：12-16.

［66］王留锁. 基于生态承载力分析的城市环境管理模式研究［D］沈阳：沈阳大学.

［67］刘金平，鞠志立. 对我国矿山企业环境管理模式的分析［J］. 中国矿业，2008，17，（6）：37-39.

［68］王能民，汪应洛，等. 从末端控制到全过程管理：环境管理模式的演变［J］. 预测，2006（03）：55-65.

［69］徐鸿，郑鹏. 矿产资源开发的生态补偿研究进展及述评［J］. 东华理工大学学报：社会科学版，2014，33（01）：7-10

附表 1 柴达木生态足迹法原始数据

附表 1-1 柴达木盐湖开发区基准年生物资源利用情况

生物资源类型	煤炭开采区消费量（吨）	全球平均产量（kg/公顷）	人均消费（kg/人）	人均足迹（公顷/人）	生产面积类型
1 粮食	9314	2790	22.33573	0.008006	耕地
1.1 小麦	3026	2532	7.256595	0.002866	耕地
1.2 青稞	6041	2544	14.48681	0.005695	耕地
1.3 豆类	0	2302	0	0	耕地
1.4 马铃薯	247	15918	0.592326	0.000037	耕地
2 油料	230	1856	0.551559	0.000297	耕地
3 蔬菜	6019	16927	14.43405	0.000853	耕地
4 药材	26280	2516	63.02158	0.025048	林地
5 水果	70	9762	0.167866	0.000017	林地
6 肉类	2884.40	99	6.917034	0.069869	牧草地
6.1 牛肉	983.0808	33	2.357508	0.07144	牧草地
6.2 羊肉	1682.673	33	4.035187	0.122278	牧草地
6.3 猪肉	898.476	74	2.154619	0.029116	牧草地
6.4 禽蛋	69	2760	0.165468	0.00006	牧草地
6.5 牛奶	79	502	0.189448	0.000377	牧草地
7 水产品	7600	29	18.22542	0.628463	水域

附表 1-2　柴达木盐湖开发区基准年能源消费情况

能源类型	消费量	折算系数	全球平均能源	居民人均消费（kg/人）	人均足迹（公顷/人）	生产面积类型
原煤（万吨）	250	20.93	55	393.72	7.1584	化石燃料地
洗精煤（万吨）	11.64	20.93	55	18.33	0.3332	化石燃料地
焦炭（万吨）	6.48	28.47	55	13.88	0.2523	化石燃料地
天然气（亿 m³）	23	28.47	55	49.27	0.8958	化石燃料地
原油（万吨）	95	43.12	93	308.23	3.3143	化石燃料地
汽油（万吨）	4.22	43.12	93	13.69	0.1472	化石燃料地
柴油（万吨）	31.56	42.17	93	100.1	1.0767	化石燃料地
用电量（亿 KWH）	45	11.84	1000	40.09	0.04009	建筑用地

附表 1-3　柴达木非金属开采区基准年生物资源利用情况

生物资源类型	煤炭开采区消费量（吨）	全球平均产量（kg/公顷）	人均消费（kg/人）	人均足迹（公顷/人）	生产面积类型
1 粮食	20765	2790	273.2237	0.0979	耕地
1.1 小麦	16766	2532	220.6053	0.0871	耕地
1.2 青稞	3074	2544	40.4474	0.0159	耕地
1.3 豆类	119	2302	1.5658	0.0007	耕地
1.4 马铃薯	806	15918	10.6053	0.0007	耕地
2 油料	2234	1856	29.3947	0.0158	耕地
3 蔬菜	9407	16927	123.7763	0.0073	耕地
4 药材	13279	2516	174.7237	0.0694	林地
5 水果	173	9762	2.2763	0.0002	林地
6 肉类	3452.9574	99	45.4337	0.4589	牧草地
6.1 牛肉	382.0707	33	5.0272	0.1523	牧草地
6.2 羊肉	2025.2	33	26.6474	0.8075	牧草地
6.3 猪肉	2383.2456	74	31.3585	0.4238	牧草地
6.4 禽蛋	45	2760	0.5921	0.0002	牧草地
6.5 牛奶	411	502	5.4079	0.0108	牧草地
7 水产品	1500	29	19.7368	0.6806	水域

附表 1-4　柴达木非金属开采区基准年能源消费情况

能源类型	消费量	折算系数	全球平均能源	居民人均消费（kg/人）	人均足迹（公顷/人）	生产面积类型
原煤（万吨）	29.4679	20.93	55	81.1530	1.4755	化石燃料地
洗精煤（万吨）	1.37305	20.93	55	3.7813	0.0688	化石燃料地
焦炭（万吨）	0.76335	28.47	55	2.8595	0.0520	化石燃料地
天然气（亿立方米）	0.9191	28.47	55	3.4430	0.0626	化石燃料地
原油（万吨）	5.11665	43.12	93	29.0303	0.3122	化石燃料地
汽油（万吨）	0.2275	43.12	93	1.2908	0.0139	化石燃料地
柴油（万吨）	1.6996	42.17	93	9.4305	0.1014	化石燃料地
用电量（亿千瓦时）	1.7332	11.84	1000	2.7001	0.0027	建筑用地

附表 1-5 柴达木地区基准年生物资源利用情况

生物资源类型	煤炭开采区消费量（吨）	全球平均产量（kg/公顷）	人均消费（kg/人）	人均足迹（公顷/人）	生产面积类型
1 粮食	79963	2790	195.8917	0.0702	耕地
1.1 小麦	43203	2532	105.8378	0.0418	耕地
1.2 青稞	28104	2544	68.8486	0.0271	耕地
1.3 豆类	691	2302	1.6928	0.0007	耕地
1.4 马铃薯	7690	15918	18.8388	0.0012	耕地
2 油料	11689	1856	28.6355	0.0154	耕地
3 蔬菜	50353	16927	123.3537	0.0073	耕地
4 药材	39529	2516	96.8373	0.0385	林地
5 水果	243	9762	0.5953	0.0001	林地
6 肉类	29208	99	71.5532	0.7228	牧草地
6.1 牛肉	6375	33	15.6173	0.4733	牧草地
6.2 羊肉	18260	33	44.7330	1.3555	牧草地
6.3 猪肉	3967	74	9.7183	0.1313	牧草地
6.4 禽蛋	82	2760	0.2009	0.0001	牧草地
6.5 牛奶	9101	502	22.2954	0.0444	牧草地
7 水产品	490	29	1.2004	0.0414	水域

附表 1-6　柴达木地区基准年能源消费情况

能源类型	消费量	折算系数	全球平均能源	居民人均消费（kg/人）	人均足迹（公顷/人）	生产面积类型
原煤（万吨）	841.94	20.93	55	431.6954	7.8490	化石燃料地
洗精煤（万吨）	39.23	20.93	55	20.1147	0.3657	化石燃料地
焦炭（万吨）	21.81	28.47	55	15.2114	0.2766	化石燃料地
天然气（亿立方米）	26.26	28.47	55	18.3151	0.3330	化石燃料地
原油（万吨）	146.19	43.12	93	154.4271	1.6605	化石燃料地
汽油（万吨）	6.5	43.12	93	6.8662	0.0738	化石燃料地
柴油（万吨）	48.56	42.17	93	50.1660	0.5394	化石燃料地
用电量（亿千瓦时）	49.52	11.84	1000	14.3635	0.0144	建筑用地

附表2 柴达木生态绩效评估原始数据

附表 2-1 柴达木地区 2010-2018 年耕地面积　　　单位：公顷

年份	柴达木地区	煤炭开采区	盐湖开发区	非金属开发区
2010	39595	4608	6025	10058
2011	40690	4568	6042	11161
2012	40984	4561	6037	11121
2013	43328	5096	6030	11309
2014	43328	5234	6030	11309
2015	43703	5281	6029	11283
2016	46525	6071	6573	11658
2017	47170	6080	6809	12603
2018	48665	6874	6850	12722

附表 2-2 柴达木地区 2010-2018 年林地面积　　　单位：公顷

年份	柴达木地区	煤炭开采区	盐湖开发区	非金属开发区
2010	904227	187356	249253	64375
2011	903822	187325	249189	64080
2012	903717	187242	249186	64073
2013	903025	187081	248945	63813
2014	903025	187081	248945	63813
2015	903011	187106	248941	63783
2016	902373	187087	248688	63454
2017	901954	187077	248403	63368
2018	901417	186677	248345	63287

附表 2-3 柴达木地区 2010-2018 年草地面积　　　单位：公顷

年份	柴达木地区	煤炭开采区	盐湖开发区	非金属开发区
2010	11060222	653809	4208507	1496500
2011	11058048	653520	4208365	1495019
2012	11055564	653470	4208293	1493343
2013	11051306	652262	4208165	1492326
2014	11051306	652262	4208165	1492326

续表

年份	柴达木地区	煤炭开采区	盐湖开发区	非金属开发区
2015	11051957	652494	4208124	1493368
2016	11048653	651642	4208087	1492132
2017	10045879	651565	4207985	1489721
2018	11045025	651131	4207961	1489446

附表 2-4　柴达木地区 2010-2018 年水域及水利设施用地面积　单位：公顷

年份	柴达木地区	煤炭开采区	盐湖开发区	非金属开发区
2010	1077271	55653	652527	147515
2011	1077110	55593	652508	147514
2012	1077082	55592	652508	147514
2013	1076881	55585	652424	147513
2014	1076881	55585	652424	147513
2015	1076876	55590	652424	147507
2016	1076837	55584	652422	147492
2017	1076783	55575	652410	147486
2018	1076759	55574	652392	147483

附表 2-5　柴达木地区 2010-2018 年生产总值　　单位：万元

年份	柴达木地区	煤炭开采区	盐湖开发区	非金属开发区
2010	2917835	259305	1597177	262017
2011	3654918	324809	2000645	328206
2012	4814049	531353	2425145	421373
2013	5703329	628203	2899966	473385
2014	5532272	657214	2893380	450433
2015	5122936	556807	2921071	445842
2016	4869637	461161	2984998	621717
2017	5261868	481773	3272383	692192
2018	6252729	581773	3723839	792192

附表 2-6　柴达木地区 2010-2018 年农业总产值　　单位：万元

年份	柴达木地区	煤炭开采区	盐湖开发区	非金属开发区
2010	67507	5745	18360	11575
2011	93818	5642	21538	16874
2012	138822	7841	25297	24730
2013	192419	10356	37174	40208
2014	245579	15703	48144	54267
2015	266063	16285	50409	59136
2016	277426	20954	54346	60268
2017	274559	24967	53497	59919
2018	299913	26890	58576	65323

附表 2-7　柴达木地区 2010-2018 年林业总产值　　单位：万元

年份	柴达木地区	煤炭开采区	盐湖开发区	非金属开发区
2010	8801	704	813	4838
2011	9918	1579	1383	4922
2012	9827	1471	1995	3701
2013	15609	3790	3225	5544
2014	21429	4204	2674	8645
2015	22372	4770	2693	8718
2016	22661	4199	2905	8741
2017	20904	3168	3385	7606
2018	21035	3258	3397	7617

附表 2-8　柴达木地区 2010-2018 年牧业总产值　　单位：万元

年份	柴达木地区	煤炭开采区	盐湖开发区	非金属开发区
2010	73204	14917	8584	9862
2011	95539	19625	11451	13064
2012	110802	22586	12941	15296
2013	123604	24725	14393	17101
2014	129397	26640	15304	17253
2015	128217	26081	15355	17287
2016	136195	27739	15874	21663
2017	158402	31852	18469	26137
2018	190790	38589	22233	31646

附表2-9 柴达木地区2010-2018年地方公共财政支出　　单位：万元

年份	柴达木地区	煤炭开采区	盐湖开发区	非金属开发区
2010	617693	80968	166242	89448
2011	1173052	119544	642941	44795
2012	1394542	152591	750797	49318
2013	1435560	155491	880019	56179
2014	1300738	115574	922914	55721
2015	1210882	119158	941137	92859
2016	1257053	139536	104213	88529
2017	1258375	145183	117743	82854
2018	1381852	139247	105113	95762

附表2-10 柴达木地区2010-2018年农牧民人均纯收入　　单位：元

年份	柴达木地区	煤炭开采区	盐湖开发区	非金属开发区
2010	5434	13620	7001	5192
2011	6574	16215	8210	6540
2012	7916	19008	9696	7963
2013	9183	22053	11249	9213
2014	10294	25295	12833	10340
2015	10582	19848	14297	11231
2016	10645	20167	14354	11254
2017	11234	20156	14852	11569
2018	11258	20583	14365	11857

附表2-11 柴达木地区2010-2018年城镇居民人均可支配收入　　单位：元

年份	柴达木地区	煤炭开采区	盐湖开发区	非金属开发区
2010	16759	34032	16852	16581
2011	19007	38598	19087	18950
2012	21251	43156	21341	21187
2013	23399	47516	23432	23282
2014	25453	53322	25490	25346
2015	25419	48781	25616	25476
2016	27720	53204	27921	27797

续表

年份	柴达木地区	煤炭开采区	盐湖开发区	非金属开发区
2017	30233	53204	27921	27797
2018	32721	62881	32916	32854

附表 2-12　柴达木地区 2010-2018 年农林水事务支出情况　　单位：万元

年份	柴达木地区	煤炭开采区	盐湖开发区	非金属开发区
2010	89216	6148	34894	11720
2011	149635	10307	58530	19652
2012	184177	12688	72052	24168
2013	185209	12749	72465	24293
2014	218240	15026	85389	28626
2015	253943	17488	99350	33326
2016	293943	18483	109311	43526
2017	265946	19458	103540	43322
2018	289437	19748	105465	49372

附表 2-13　柴达木地区 2010-2018 年工业二氧化硫排放量　　单位：吨

年份	柴达木地区	煤炭开采区	盐湖开发区	非金属开发区
2010	23155	3685	10585	1670
2011	35326	7938	12930	3213
2012	31984	6289	10764	3362
2013	31182	7050	10792	2628
2014	32051	3828	17967	1788
2015	41069	2337	27354	3422
2016	37109	2369	27450	3220
2017	49108	2452	24560	3180
2018	52478	2103	21563	3450

附表 2-14　柴达木地区 2010-2018 年废水排放总量　　单位：万吨

年份	柴达木地区	煤炭开采区	盐湖开发区	非金属开发区
2010	6431	1024	2940	469
2011	7291	1638	2669	663
2012	7381	1451	2484	776

续表

年份	柴达木地区	煤炭开采区	盐湖开发区	非金属开发区
2013	7497	1695	2595	632
2014	8418	1005	4719	470
2015	9356	874	6231	666
2016	10756	951	6159	678
2017	8820	962	6842	649
2018	953	1006	5423	634

附表 2-15　柴达木地区 2010-2018 年教育支出情况　　单位：万元

年份	柴达木地区	煤炭开采区	盐湖开发区	非金属开发区
2010	69997	7050	32756	13342
2011	124673	10487	58452	26616
2012	186870	14984	87409	40872
2013	135651	12023	64352	29042
2014	144788	12110	68407	31602
2015	129956	9709	62879	27531
2016	126754	8561	95462	23654
2017	147510	7634	74562	28464
2018	142583	9519	72945	27456

附表 2-16　柴达木地区 2010-2018 年税收收入情况　　单位：万元

年份	柴达木地区	煤炭开采区	盐湖开发区	非金属开发区
2010	288584	26646	157966	25914
2011	344909	39070	173753	30190
2012	393209	44341	199935	32637
2013	433632	55058	226790	35306
2014	431100	46855	245811	37518
2015	430360	33489	279087	44520
2016	431560	35842	274583	44586
2017	437510	35694	258745	44852
2018	438200	37456	254692	45692

附表 2-17　柴达木地区 2010-2018 年 GDP 增长率　　　单位:%

年份	柴达木地区	盐湖开发区	煤炭开采区	非金属开采区
2010	25.26	25.26	25.26	25.26
2011	31.71	21.22	28.39	66.2
2012	18.47	19.58	12.34	21.13
2013	-3	-0.23	-4.85	6.3
2014	-7.4	0.96	-1.02	-16.785
2015	-14.14	-2.35	2.06	-39.33
2016	-1.45	1.28	1.34	-23.12
2017	1.25	1.36	0.52	-23.0
2018	1.36	2.36	1.06	-10.5

附表 2-18　柴达木地区 2010-2018 年工业总产值　　　单位:万元

年份	柴达木地区	盐湖开发区	煤炭开采区	非金属开采区
2010	2660679	1216329	194139	423487
2011	3678011	1346217	334478	826442
2012	4502805	1515344	473276	885421
2013	4680408	1619880	394533	1058201
2014	7203824	4038256	401780	860372
2015	5930893	3950215	421943	554171
2016	6509594	3914044	700303	714122
2017	6901619	4197000	779804	848468
2018	7737133	4554778	828001	998707

附表 2-19　柴达木地区 2010-2018 年人均农业面积　　　单位:公顷

年份	柴达木地区	盐湖开发区	煤炭开采区	非金属开采区
2010	33.48	41.55	23.43	15.98
2011	33.04	40.88	23.22	15.955
2012	32.44	39.45	22.87	15.975
2013	32.03	38.49	22.58	16.035
2014	31.7	37.64	22.38	16.215
2015	32.52	37.94	23.45	17.325
2016	32.02	38.40	23.55	17.535
2017	33.52	37.84	23.65	17.132
2018	32.5	37.54	22.45	17.025

附表 2-20　柴达木地区 2010-2018 年分地区户籍统计人口数　单位：人

年份	柴达木地区	盐湖开发区	煤炭开采区	非金属开采区
2010	390743	123137	73331	47119
2011	395888	125140	73982	47237
2012	403067	129678	75051	47265
2013	408200	132922	75953	47164
2014	412461	135899	76636	46809
2015	402069	134841	73189	44322
2016	403598	135442	74595	41345
2017	404275	136553	73620	40427
2018	405658	137570	73767	40565

附表 2-21　柴达木地区 2010-2018 年各地方公共财政收入　单位：万元

年份	柴达木地区	盐湖开发区	煤炭开采区	非金属开采区
2010	617693	166242	89448	80968
2011	1173052	642941	44795	119544
2012	1394542	750797	49318	152591
2013	1435560	880019	56179	155491
2014	1300738	922914	55721	115574
2015	1210882	841137	92859	119158
2016	1611600	841362	96214	119752
2017	1679900	842651	102546	115478
2018	1658740	865124	99531	105468

附表 2-22　柴达木地区 2010-2018 年植树造林　单位：亩

年份	柴达木地区	盐湖开发区	煤炭开采区	非金属开采区
2010	148815	15000	33700	40800
2011	165000	6900	49000	42800
2012	140000	24500	34500	28500
2013	232800	39500	49100	58900
2014	80000	10000	17700	23100
2015	124000	15370	28730	34200
2016	148696	15423	20574	34125
2017	152618	14201	26542	35876
2018	162527	13642	28423	32846

附录　VENSIM 方程与参数

1. 煤炭开采区动态补偿 VENSIM 方程及参数

（01）FINAL TIME＝2050

Units：Year The final time for the simulation.

（02）INITIAL TIME＝2010

Units：Year The initial time for the simulation.

（03）SAVEPER＝TIME STEP

Units：Year［0，?］

The frequency with which output is stored.

（04）TIME STEP＝1

Units：Year［0，?］

The time step for the simulation.

（05）可采储量＝INTEG（可采储量减少，150000）

Units：万吨

（06）可采储量减少＝年开采量

Units：万吨

（07）土地塌陷率＝（−0.08235 * Time * Time＋330.995 * Time−332360）/100

Units：hm^2/万吨

（08）土地塌陷面积＝年开采量 * 土地塌陷率 * 10

Units：m^2

（09）土地复垦面积＝土地塌陷面积 * 复垦率（Time）

Units：m^2

（10）复垦投资额＝10.67 * 土地复垦面积

Units：元

（11）复垦率（［（0，0）−（2050，10）］，（2000，0.1），（2050，0.25））

Units：｛＊＊undefined＊＊｝［0，10］

（12）年开采量＝−0.01002＊Time＊Time＊Time＋60.1676＊Time＊Time−

120423＊Time＋8.0337e＋007＋2059.35

Units：万吨

（13）年经济成本＝复垦投资额＋废气处理投资额＋煤矸石处理投资额＋

污水处理投资额

Units：｛＊＊undefined＊＊｝

（14）年经济效益＝土地复垦面积＊123

Units：＊＊undefined＊＊

（15）废气处理投资额＝废气排放增加量＊0

Units：元

（16）废气处理率＝0.2

Units：｛＊＊undefined＊＊｝

（17）废气排放增加量＝废气处理率＊废气排放量＊控制变量

Units：立方米

（18）废气排放总量＝INTEG（INTEGER（废气排放增加量），0）

Units：立方米

（19）废气排放量＝5.46＊年开采量

Units：立方米

（20）废水排放量＝2.3＊年开采量

Units：万吨

（21）废渣处理率＝0.1

Units：｛＊＊undefined＊＊｝

（22）废渣排放量＝0.12＊年开采量

Units：万吨

（23）废渣污染补偿价值＝煤矸石增加量＊88000/0.12

Units：元

（24）控制变量=STEP（1，2 000）

Units：｛ * * undefined * * ｝

（25）气体污染补偿价值量=废气排放量 * 1000

Units：元

（26）水资源补偿价值=污水排放增加量 * 8970

Units：元

（27）污水处理投资额=8970 * 污水排放增加量

Units：元

（28）污水排放增加量=废水排放量 * 控制变量 * 矿井水处理利用率

Units：万吨

（29）污水排放总量=INTEG（INTEGER（污水排放增加量），0）

Units：万吨

（30）煤矸石增加量=废渣处理率 * 废渣排放量 * 控制变量

Units：万吨

（31）牧草地生态价值=牧草地面积 * 21. 386

Units：元

（32）煤矸石处理投资额=煤矸石增加量 * 8800/0. 12

Units：元

（33）牧草地减少率=−0. 00125 * Time * Time+5. 0215 * Time−5000. 55

Units： * * undefined * *

（34）煤矸石总量=INTEG（INTEGER（煤矸石增加量），0）

Units：万吨

（35）牧草地面积=INTEG（INTEGER（牧草地面积增加−牧草地面积减少），6. 53809e+009）

Units：m^2

（36）牧草地面积减少=土地塌陷面积 * 牧草地减少率

Units：m^2

（37）牧草地面积增加＝土地复垦面积∗控制变量

Units：m²

（38）生态价值量＝牧草地生态价值－补偿量

Units：元

（39）经济价值＝INTEG（INTEGER（年经济效益），0）

Units：∗∗undefined∗∗

（40）矿井水处理利用率＝0.35

Units：∗∗undefined∗∗

（41）补偿量＝废渣污染补偿价值+气体污染补偿价值量+水资源补偿价值

Units：∗∗undefined∗∗

（42）经济成本＝INTEG（INTEGER（年经济成本），874891）

Units：元

2. 盐湖开发区动态补偿 VENSIM 方程及参数

（01）FINAL TIME＝2050

Units：Year

The final time for the simulation.

（02）INITIAL TIME＝2010

Units：Year

The initial time for the simulation.

（03）SAVEPER＝TIME STEP

Units：Year［0,?］

The frequency with which output is stored.

（04）TIME STEP＝1

Units：Year［0,?］

The time step for the simulation.

（05）卤水处理利用率＝0.01

Units：∗∗undefined∗∗

（06）可采盐储量=INTEG（可采盐储量减少，1.0428e+011）

Units：万吨

（07）可采盐储量减少=年开采量

Units：万吨

（08）固废增加量=固废处理率*固废排放量*控制变量

Units：万吨

（09）固废处理投资额=固废增加量*8800/0.12

Units：元

（10）固废处理率=0.1

Units：{ * * undefined * * }

（11）固废排放量=0.12*年开采量

Units：万吨

（12）固废总量=INTEG（INTEGER（固废增加量），0）

Units：万吨

（13）固废污染补偿价值=固废增加量*88000/0.12

Units：元

（14）土地恢复面积=土地盐碱化面积*恢复率（Time）

Units：m^2

（15）土地盐碱化率=（-0.08235*Time*Time+330.995*Time-332360）/100

Units：hm^2/万吨

（16）土地盐碱化面积=年开采量*土地盐碱化率*10

Units：m^2

（17）复垦投资额=10.67*土地恢复面积

Units：元

（18）年开采量=-0.01002*Time*Time*Time+60.1676*Time*Time-120423*Time+8.0337e+007+2059.35

Units：万吨

（19）年经济成本＝复垦投资额＋废气处理投资额＋固废处理投资额＋污水处理投资额

Units：{ ＊＊undefined＊＊}

（20）年经济效益＝土地恢复面积＊123

Units：＊＊undefined＊＊

（21）废气处理投资额＝废气排放增加量＊0

Units：元

（22）废气处理率＝0.2

Units：{ ＊＊undefined＊＊}

（23）废气排放增加量＝废气处理率＊废气排放量＊控制变量

Units：立方米

（24）废气排放总量＝INTEG（INTEGER（废气排放增加量），0）

Units：立方米

（25）废气排放量＝5.46＊年开采量

Units：立方米

（26）废水排放量＝2.3＊年开采量

Units：万吨

（27）恢复率（[（0,0）-（2050,10）]，（2000,0.005），（2050,0.01））

Units：{ ＊＊undefined＊＊} [0,10]

（28）控制变量＝STEP（1,2000）

Units：{ ＊＊undefined＊＊}

（29）牧草地减少率＝-0.00125＊Time＊Time+5.0215＊Time-5000.55

Units：＊＊undefined＊＊

（30）水资源补偿价值＝污水排放增加量＊8970

Units：元

（31）污水处理投资额＝8970＊污水排放增加量

Units：元

（32）污水排放增加量＝废水排放量＊控制变量＊卤水处理利用率

Units：万吨

（33）污水排放总量＝INTEG（INTEGER（污水排放增加量），0）

Units：万吨

（34）气体污染补偿价值量＝废气排放量＊1000

Units：元

（35）牧草地生态价值＝牧草地面积＊21.386

Units：元

（36）牧草地面积＝INTEG（INTEGER（牧草地面积增加－牧草地面积减少），4.20816e+006）

Units：m^2

（37）牧草地面积减少＝土地盐碱化面积＊牧草地减少率

Units：m^2

（38）牧草地面积增加＝土地恢复面积＊控制变量

Units：m^2

（39）生态价值量＝牧草地生态价值－补偿量

Units：元

（40）经济价值＝INTEG（INTEGER（年经济效益），0）

Units：＊＊undefined＊＊

（41）经济成本＝INTEG（INTEGER（年经济成本），874891）

Units：元

（42）补偿量＝固废污染补偿价值＋气体污染补偿价值量＋水资源补偿价值

Units：＊＊undefined＊＊

3. 非金属开采区动态补偿 VENSIM 方程及参数

（01）FINAL TIME＝2050

Units：Year

The final time for the simulation.

（02） INITIAL TIME＝2010

Units：Year

The initial time for the simulation.

（03） SAVEPER＝TIME STEP

Units：Year［0,?］

The frequency with which output is stored.

（04） TIME STEP＝1

Units：Year［0,?］

The time step for the simulation.

（05） 可采矿石储量＝INTEG（可采矿石储量减少，1.0428e+011）

Units：万吨

（06） 可采矿石储量减少＝年开采量

Units：万吨

（07） 土地恢复面积＝土地盐碱化面积＊恢复率（Time）

Units：m^2

（08） 土地盐碱化率＝（−0.08235＊Time＊Time＋330.995＊Time−332360）／100

Units：hm^2／万吨

（09） 土地盐碱化面积＝年开采量＊土地盐碱化率＊10

Units：m^2

（10） 复垦投资额＝10.67＊土地恢复面积

Units：元

（11） 尾矿增加量＝尾矿处理率＊尾矿排放量＊控制变量

Units：万吨

（12） 尾矿处理投资额＝尾矿增加量＊1200

Units：＊＊undefined＊＊

（13） 尾矿处理率＝0.001

Units：{＊＊undefined＊＊}

（14）尾矿总量＝INTEG（INTEGER（尾矿增加量），0）

Units：万吨

（15）尾矿排放量＝0.12＊年开采量

Units：万吨

（16）尾矿污染补偿价值＝尾矿增加量＊88000/0.12

Units：元

（17）年开采量＝−0.01002＊Time＊Time＊Time+60.1676＊Time＊Time−120423＊Time+8.0337e+007+2059.35

Units：万吨

（18）年经济成本＝复垦投资额+尾矿处理投资额+污水处理投资额+废气处理投资额

Units：＊＊undefined＊＊

（19）年经济效益＝土地恢复面积＊123

Units：＊＊undefined＊＊

（20）废气处理投资额＝废气排放增加量＊100

Units：＊＊undefined＊＊

（21）废气处理率＝0.2

Units：｛＊＊undefined＊＊｝

（22）废气排放增加量＝废气处理率＊废气排放量＊控制变量

Units：立方米

（23）废气排放总量＝INTEG（INTEGER（废气排放增加量），0）

Units：立方米

（24）废气排放量＝5.46＊年开采量

Units：立方米

（25）废水排放量＝2.3＊年开采量

Units：万吨

（26）恢复率（［（0，0）−（2050，10）］，（2000，0.005），（2050，

0. 01））

Units：$\{**undefined**\}$　$[0，10]$

（27）控制变量=STEP（1，2000）

Units：$\{**undefined**\}$

（28）气体污染补偿价值量=废气排放量*1000

Units：元

（29）水资源补偿价值=污水排放增加量*8970

Units：元

（30）牧草地面积减少=土地盐碱化面积*牧草地减少率

Units：m^2

（31）污水排放增加量=废水排放量*控制变量

Units：万吨

（32）污水排放总量=INTEG（INTEGER（污水排放增加量），0）

Units：万吨

（33）牧草地减少率=-0.00125*Time*Time+5.0215*Time-5000.55

Units：$**undefined**$

（34）牧草地生态价值=牧草地面积*21.386

Units：元

（35）牧草地面积=INTEG（INTEGER（牧草地面积增加-牧草地面积减

少），1.49233e+006）

Units：m^2

（36）生态价值量=牧草地生态价值-补偿量

Units：元

（37）污水处理投资额=8970*污水排放增加量

Units：元

（38）牧草地面积增加=土地恢复面积*控制变量

Units：m^2

（39）经济价值＝INTEG（INTEGER（年经济效益），0）

Units：＊＊undefined＊＊

（40）经济成本＝INTEG（INTEGER（年经济成本），874891）

Units：元

（41）补偿量＝

尾矿污染补偿价值＋气体污染补偿价值量＋水资源补偿价值

Units：＊＊undefined＊＊

后 记

本书是国家社科基金西部项目"柴达木地区生态补偿标准化及管理模式研究"（项目批准号：14XJY003）的结项成果。项目是在项目组成员的共同努力下完成的，结构框架、写作思路等由本人设计，其中第2章、第3章的相关内容由2018级研究生周凯仁协助完成，相关校对工作由2018级研究生史炳超完成。在此感谢课题组成员的辛勤付出，同时更加感谢各位同行、专家对本书出版给予的大力支持。

在调研和资料收集过程中，我们遇到了很多困难。感谢青海大学财经学院、兰州大学各位同行专家在答辩会上给出了研究思路和研究方向的调整意见；感谢张爱儒教授的指导，张教授扎实的理论功底、严谨的治学态度令人敬佩；感谢刘宝慧、卞利花两位老师同我一起不远千里，深入柴达木地区实地调研，获取一手数据，两位老师务实的工作作风让我受益良多；感谢吉敏全教授、杨亚教授、陈建红教授对结项报告撰写的鼎力支持，没有他们的参与和配合，项目的结项不会如此顺利。项目组先后6次前往德令哈、格尔木等地收集数据，进行问卷调查，对当地群众和工作人员的大力配合，以及各企业的大力支持，在此一并表示感谢！

区域生态补偿标准化不仅属于生态经济学的研究范畴，也属于管理学的研究范畴。本书的研究还涉及矿产资源开发、区域经济发展等相关内容，专业性强、学科交叉面广、研究难度大。本书研究的生态补偿标准化系统是基于区域角度提出的，同时选择柴达木地区资源开发个案进行研究，削弱了研究报告的范式研究。本书的研究内容还不能应用于微观个体标准的制定、实施和评价，也不能解决现实问题，但是书中首次提出了生态补偿标准化系统并构建了相关的管理模式，丰富了生态补偿的研究内容，为今后的生态补偿标准化研究奠定了重要基础。

　　在本书即将付梓之际，我享受到了经过艰苦跋涉到达目的地时的快感，从中获得的效用满足是难以言表的，但是由于自身经验欠缺及时效性限制，内容难免存在这样或者那样的不足，总是会有遗憾。

　　真心希望与各位同行一道，共同促进生态补偿标准化研究；希望各位专家和读者对本书提出宝贵的意见与建议，本人与项目组成员愿意接受学术意义上的严肃批判。

赵　玲

2021 年 9 月